周毅食雕教室

周毅基础食雕
——创意果蔬雕刻入门

主编 ◎ 周毅　　副主编 ◎ 龙群华

顾　　问　王　龙
特约编委　徐寅峰　　丁晨晨　　戴　伟
　　　　　谢　玮　　陈　龙　　马瑞玲
　　　　　周启伟　　刘雪琦　　沈荣华
　　　　　张亚红　　吉锦君　　张爱英

机械工业出版社
CHINA MACHINE PRESS

主编：周毅

食品雕刻大师，创办了行业权威、全面细致的免费教育微信公众平台——SK周毅，涵盖教学视频600余个（免费观看）。

已出版图书如下：

1 《实用食品雕刻精华》，2008年
2 《周毅食品雕刻——花鸟篇》，2009年
3 《周毅实用食雕精华》（第2版），2010年
4 《周毅食品雕刻——人物篇》，2010年
5 《周毅食品雕刻——面塑篇》，2011年
6 《周毅食品雕刻——盘头篇》，2012年
7 《周毅食品雕刻——糖艺篇》，2013年
8 《周毅食品雕刻——巧克力盘头》，2014年
9~10 《周毅食品雕刻——果蔬雕》（上、下册），2015年
11~12 《周毅食品雕刻——面塑全步骤破解版》（上、下册），2016年
13 《跟着大师学翻糖》，2017年
14 《周毅基础食雕——从零开始学果雕》，2019年

副主编：龙群华

广西壮族人民，食品雕刻大师，周毅食品雕刻技术团队中坚力量，食品雕刻界后起之秀，多次担任周毅食品雕刻系列图书编委，在《周毅基础食雕——从零开始学果雕》一书中担任副主编。精通食品雕刻、中泰式雕花、面塑、翻糖、糖艺，对造型有独到见解，刀工精湛，是行业的新生代力量。

零基础如何学好果蔬雕刻？其实想学好并不难，简单来说就这几点：多看，多练，多总结！但对于一个零基础的人来说，在学习雕刻的前期阶段，还是非常难的。

先不说能做出来什么样的作品，就连从早期熟练握刀到雕刻刀使用起来得心应手，达到心至手到的状态都需要长时间反复练习。当然，心手合一地下刀，这才是第一步，而且是需要坚持不懈、吃苦耐劳反复练习的第一步，一定要有坚强的心智，坚信"只要功夫深，铁杵磨成针"。第二步才是制作各种造型，每一个步骤、每一刀，都得勤学多练。最后才是加入自己的理解和创作，做出更多有自己独创性的作品来，真正达到"下刀如有神"的地步。

可以说，在零基础的情况下，从入门到精通，真是考验一个人心智是否坚强的阶段，刻苦、努力、坚持、挫败、重拾信心，再坚持、刻苦、努力……虽然只是简单的几个字，但是其中的艰辛和心酸，只有走过的人才能体会。雕刻这件事，最能表达出"万事开头难"这句谚语的意思。

所以，不要幻想一个月就能精通雕刻所向披靡，一是不现实，二是对雕刻的不尊重。我只能说：只要努力，必能学会，必能精通。相信自己，给自己多一点的时间和信心。另一个常见的疑虑就是，费了这么大的功夫学习雕刻，能够学以致用，谋求到更合适的工作么？在此解惑一下，对仅仅能从事食品雕刻这个单一工作的人才，需求较少，但是，对复合型人才的需求量很大，比如高档酒店现在急需的菜品美工（或者叫菜品造型师）缺口很大。如果你本身就从事饮食行业，那么再精通食品雕刻，会大幅度提高你的竞争力。酒店求贤若渴的是掌握面塑、糖艺、果酱画、菜品盘饰造型等多元化技能的人才，所谓"技多不压身"就是这个理儿。

掌握了食品雕刻技能，就很容易触类旁通，还可以从事木雕、泡沫雕、核雕、冰雕、美陈软装等。另外，食品雕刻很适合于私人订制或者酒会宴会等公关活动，订制的价格十分可观。只要钻研进去，做好做精，自然会有收获。

本书切切实实从零开始，事无巨细的步骤图，免费的高清视频，手把手地带你走进果蔬雕刻的大门。

目录

情境

一、基础作品

简易作品

鸟类

动物

花卉

二、创意作品

鸟类

动物

花卉

果蔬雕刻工具介绍

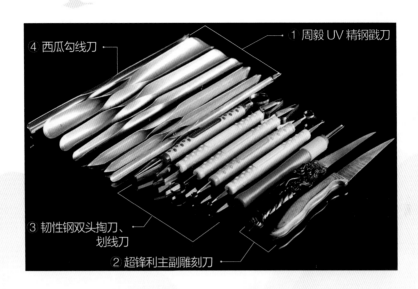

④ 西瓜勾线刀

① 周毅 UV 精钢戳刀

③ 韧性钢双头掏刀、
划线刀

② 超锋利主副雕刻刀

① 周毅 UV 精钢戳刀

从小号到大号的一整套 U 型戳刀、V 型戳刀，是雕刻中用得最多的刀具，广泛应用于开大形、去废料、制作弧形面（比如翅膀羽毛、叶子、假山轮廓、西瓜套环等，详见视频教程）。

② 超锋利主副雕刻刀

雕刻中最常用的刀具（又称手刀、主刀），地位绝对是一枝独秀，哪怕没有其他任何工具，但主刀一定要有，如花卉就可以通过一把主刀完成，虽然便捷性不如其他工具。

③ 韧性钢双头掏刀、划线刀

弥补传统 UV 戳刀的力所不及之处，运刀更加灵活快捷，处理过的原料表面光滑无刀痕，用来处理主刀和 UV 戳刀无法刻到的深度和死角，加快雕刻的速度（更多用于有一定深度的花卉、鸟类脸部和身体细节、动物骨骼和血管、花纹线条等，详见视频教程）。

为方便区分，正文中将刀头为圆形的称掏刀，V 形的称划线刀。

④ 西瓜勾线刀

主要用两端的钩子，在西瓜皮上做出阴阳套环，使西瓜镂空，有大小两头，均可控制线条的宽窄及均匀度。

常用的握刀方法

 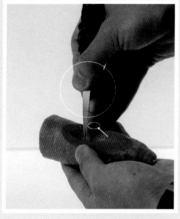

主刀 1

以无名指作为支点，刀与原材料接触，角度可以垂直，斜往内或者斜往外。

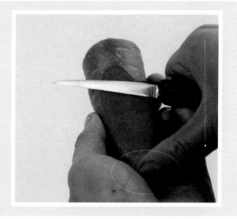

主刀 2

以大拇指为支点，手握刀往下用力。

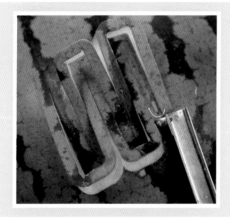

勾线刀

使勾线刀的钩子间断插入西瓜并旋转，让钩子完全嵌入果皮后往前推。注意用力要均匀，控制好速度，并在转弯处来回抖动以完成过渡。

划线刀

和执笔姿势一样，划线刀的刃口和原料的接触面保持30°～90°角，然后向后方拉扯，划线条的时候可以带出弧度。

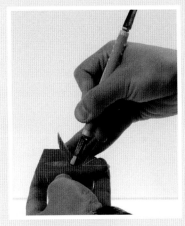  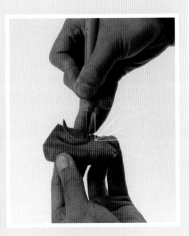

戳刀

以平着的执笔姿势，向前推或者旋转戳刀的刃口角度。

一、基础作品

简易作品

扫二维码
看高清视频

1 取胡萝卜切出长方体。

2 切出大象头部弧度。

3 切出大象鼻子外围弧度。

4 将胡萝卜翻转过来，切出大象鼻子内侧弧度。

5 取出废料。

6 依次切出象牙形状。

7 再次翻转过来，切出大象的耳朵和身体弧度。

8 切出大象背部弧度。

9 切出大象尾巴和身体之间的间隔。

10 倒立起来，取出尾巴和身体之间的废料，并定出腿部弧度。

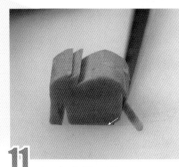

11 切出脚掌形状。

12 依次切出后腿和前腿。

13 切刀左右下刀切出腿部废料。

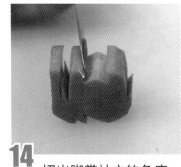

14 切出脚掌站立的角度，细节要处理好。

15 成品图。

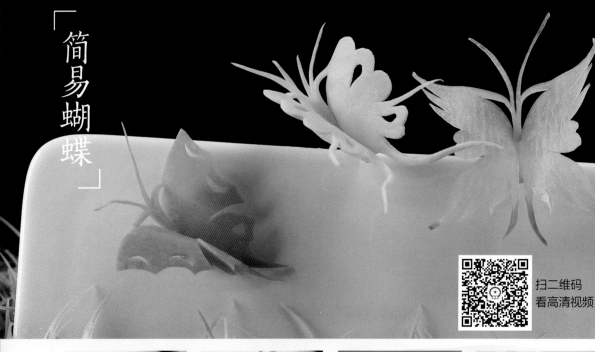

简易蝴蝶

扫二维码
看高清视频

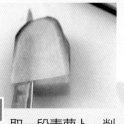

1 取一段青萝卜，削出两个平面，主刀下平刀切片，从右往左逐渐变厚。

2 第一刀不切断，第二刀切断，形成夹片的形式。

3 两片的厚薄要一致。

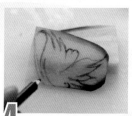

4 用果蔬雕刻专用画笔画出蝴蝶的轮廓。

5 主刀沿着画线下直刀，取出多余原料，泡在水里。

6 青萝卜刻出的蝴蝶大形。

7 胡萝卜也如法切出夹片。

8 雕出蝴蝶的轮廓形状。

9 胡萝卜刻出的蝴蝶大形。

10 红薯也如法切出夹片。

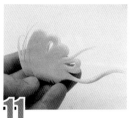

11 雕出蝴蝶的形状，尾巴的S形线条要流畅。

12 红薯刻出的蝴蝶大形。

大刀花蝴蝶

扫二维码
看高清视频

1 取胡萝卜用切刀切出一个梯形。

2 在梯形下方中间的位置，下斜刀切出蝴蝶头部。

3 左右下刀切出触须的弧度。

4 弧度的左右两侧各下一刀定出触须的厚度。

5 在梯形底部切出翅膀的尾部形状。

6 依次切出左右翅膀的轮廓弧度。

7 依次切出蝴蝶翅膀上小的弧度。

8 切出底部小翅膀的轮廓大形。

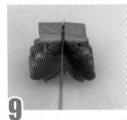

9 底部中间下刀，方便左右两边去除废料。

10 两边下刀，刻出弧度并去废料。

11 中间切出锯齿形状。

12 蝴蝶成品图。

大刀花兔子

扫二维码
看高清视频

1 取胡萝卜切
出长方体。

2 切出兔子耳朵的
弧度。

3 切出兔子头
部外围弧度。

4 将胡萝卜翻转过来，
切出兔子下巴与身
体的间隔弧度。

5 取出废料。

6 切出兔子腿部形状。

7 切出兔子嘴的大形，注意角度。

8 切出兔子耳朵形状，注意下刀时带一定弧度。

9 切出另一只耳朵的弧度。

10 切出背部弧度。

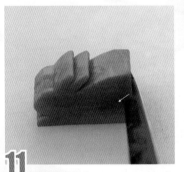

11 切出背部和尾巴的大形。

12 切出身体尾部弧度。

13 刻出尾巴的形状，去除废料。

14 刻出带弧度的后腿形状。

15 定出肚子和前腿的弧度。

16 去废料即成。

扫二维码
看高清视频

「大刀花小鸟」

1 将胡萝卜切成长方体。

2 斜切一刀，斜向深度切到一半就停止，不切断。

14

3 反刀平切，取出原料，定出鸟嘴。

4 反刀斜切弧形，使刀右边的原料成为半个圆柱体的形状，定出鸟头。

5 再斜刀切，取出原料，定出翅膀弧度。

6 斜切出鸟的翅膀。

7 取下翅膀的废料。

8 斜刀切出鸟的嘴巴和胸部的弧线，下刀时带一定弧度，不要切断，方便下一步刻出鸟爪。

9 将其竖起来斜切一刀，定出鸟爪，去掉鸟嘴前面的那块废料。

10 将原料平放，切掉棱角。

11 斜刀切出鸟爪。

12 反斜刀切出鸟的尾巴和身体的弧形。

13 平刀切出尾巴的羽毛。

14 完成。

大刀花小猪

扫二维码
看高清视频

1 选择一段胡萝卜。

2 将胡萝卜切成长方体。

3 斜切一刀不切断，定出猪耳朵的弧度。

4 反刀向上斜切取出原料，定出猪头弧度。

5 在原有的基础上再斜切一刀，不切断，定出鼻子。

6 再次反刀切，取出原料。

7 将原料放倒，下直刀切出斜面。

8 斜刀切出弧形，突出鼻子和头部。

9 斜刀切出猪的耳朵。

10 反刀切出背部的弧线。

11 斜刀切出猪的尾部，去掉废料。

12 反刀切出猪的尾巴。

13 反刀切除废料。

14 将原料放倒，下直刀切出斜面。

15 将小猪倒放，斜切出前腿。

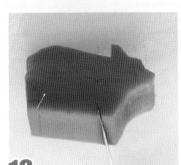

16 然后切出另一侧腿的大形。

17 切出肚子的弧度，并去废料。

18 完成。

花瓶

1 选一个直一点的
白萝卜。

大号∪型戳刀绕
周围戳一刀。

2

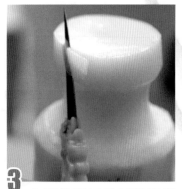

3 主刀将瓶口的原料修瘦
一圈。

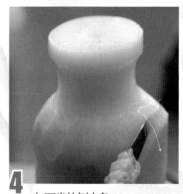

4 主刀削掉棱角。

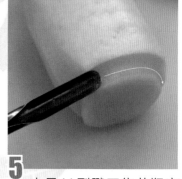

5 中号∪型戳刀绕花瓶底
部戳一圈。

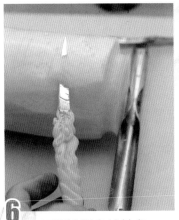
6 主刀削掉瓶身的棱角。

7 花瓶大形。

8 中号U型戳刀戳出瓶口。

9 然后用240~600目砂纸打磨瓶身。

10 将胡萝卜切成一个梯形的长方体。

11 在任意两个相邻的面切出图示的V形线条。

12 然后主刀从有棱角的地方下刀，由薄慢慢地变厚。

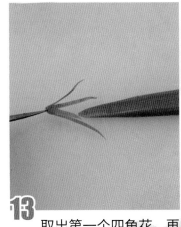
13 取出第一个四角花，再同法取出更多的四角花。

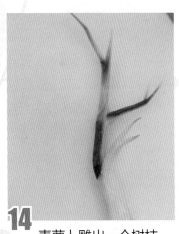
14 青萝卜雕出一个树枝。

15 掏刀在紫薯上掏出一个个半圆球。

16 在紫薯的洞上，用掏刀沿着边缘掏出梅花的花瓣。

17 花瓣用502胶水黏结，注意黏结的位置是花瓣的边缘。

18 将树枝黏结在花瓶口。

19 将四角花黏结在树枝上。

20 四角花一层层地黏结组装。

21 先在中间黏结小的四角花，再在外围黏结大的四角花。

22 依次把梅花黏结在花瓶上。

23 完成。

「蓑衣花刀」

扫二维码
看高清视频

1 选择直一点的黄瓜。

2 第一步,直刀切,切到1/2深度停止,不要切断。

3 第二步,斜刀切,将黄瓜翻过来,斜刀切到1/2深度停止下刀,不要切断,注意要和对面的刀印错开。

4 蓑衣花刀完成。

5 5~8 成品展示。

6

7

8

简易盘头

扫二维码
看高清视频

1 切一截黄瓜尾部。

2 用小号 V 型戳刀戳瓜皮，不戳断。

3 主刀下直刀走一圈。

4 取出废料。

5 斜刀雕出第一片花瓣。

6 取出第一片花瓣的废料。

7 雕出第二片花瓣，从第一片花瓣的1/3处起刀。

8 依次雕完第一层花瓣，取出废料。

9 起刀雕第二层花瓣，花瓣在第一层花瓣中间位置。

10 一直雕刻到花心。

11 另取一段黄瓜，对半切开。

12 斜切一刀。

13 然后斜切6刀，都不切断。

14 第七刀将其切断。

15 然后用手将第二片、第四片、第六片往根部弯曲。

16 呈现出爪子的形状。

洋葱花

1 选择外形匀称的洋葱。

2 主刀下直刀定出花瓣的宽度，注意不能切到里层的洋葱。

3 3~4 用刀尖刻出花瓣的大形。

4

5 雕出第二层花瓣，注意是在第一层花瓣的两瓣之间。

6 雕出第三层花瓣，注意是在第二层花瓣的两瓣之间。

7 一直雕到最里面无法下刀为止。

张嘴鸟头

鸟类

1 将原料前端切成Ｖ形。

2 修出鸟的额头，取出废料。

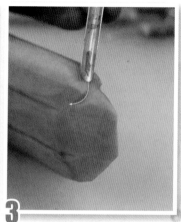

3 Ｕ型戳刀戳出额头的眉心。

4 用果蔬雕刻专用画笔画出鸟张嘴的形状。

5 主刀沿画线下刀取出嘴巴中间的原料。

6 主刀沿画线修出鸟的下巴和胸部的弧形。

7 小号Ｕ型戳刀戳出鸟的嘴角。

8 大号Ｕ型戳刀戳出鸟的的颈部。

9 小号Ｕ型戳刀定出鸟的眼睛。

10 主刀刻出眼眶。

11 掏刀掏出绒毛的层次。

12 主刀下斜刀沿着上嘴的边缘内侧下刀。

13 取出嘴巴里的废料。

14 V型戳刀戳出鸟的舌头。

15 主刀去掉舌头两边的废料。

16 划线刀刻出绒毛。

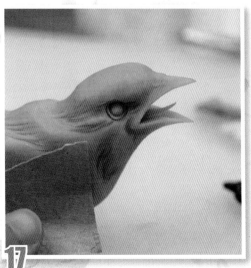

17 砂纸打磨。

闭嘴鸟头

扫二维码
看高清视频

1 取稍厚的实心原材料，切出图示形状。

2 主刀在材料两侧削出对称的形状，去除废料。

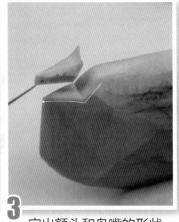

3 定出额头和鸟嘴的形状。

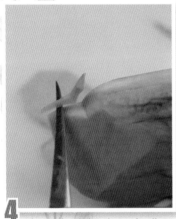

4 主刀去除额头和鸟嘴两侧的废料，鸟的脸部和侧面呈直角。

5 定出鸟嘴下方弧度。

6 中号掏刀掏出下嘴凹度。

7 小号 U 型戳刀沿着嘴角戳一圈，分出上下鸟嘴的边界。

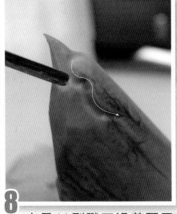

8 小号 U 型戳刀沿着图示的线条，定出眉骨弧度。

9 大号 U 型戳刀去除头部后面的废料。

10 小号 U 型戳刀定出眼睛位置。

11 小号 U 型戳刀去除眼睛前后废料。

12 主刀定出眼睛四周的眼眶。

13 中小号掏刀划出鸟身绒毛轮廓。

14 主刀走回刀定出鸟嘴线条和鼻孔。

15 划线刀划出绒毛。

16 用 600 目砂纸打磨原材料表面使其光滑。

17 小号掏刀掏出眼睛。

18 装上仿真眼。

鸟爪

扫二维码
看高清视频

1 选一个新鲜的实心南瓜，切成如图所示的斜面。

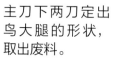

主刀下两刀定出鸟大腿的形状，取出废料。

3 掏刀掏出羽毛的层次感。

主刀定出鸟爪的弧度，削出弧形，取下废料。

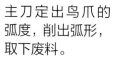

5 主刀定出小腿的长度并收窄两侧。

划线刀分出几根脚趾的界限。

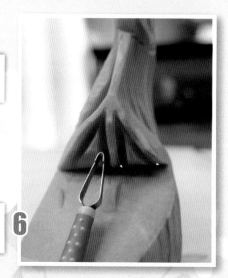

U 型戳刀戳出小腿的骨感。

划线刀刻出脚趾上的鳞甲。

切出小腿的形状，去废料，定出后脚趾的位置。

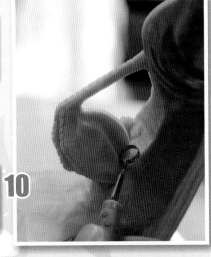

掏刀将后脚趾的原料修薄，突出后脚爪。

雕刻出爪子的肉垫，去除废料。

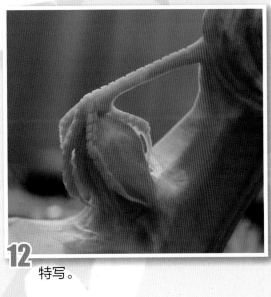

特写。

翅膀

扫二维码
看高清视频

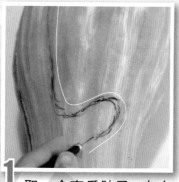

1 取一个南瓜肚子，在上面画出翅膀外骨轮廓弧度线。

2 主刀沿着画线下直刀，去除翅膀轮廓废料。

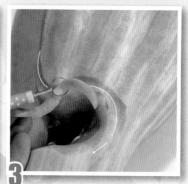

3 用中号掏刀掏出翅膀的骨架轮廓，突出深度。

4 划线刀带一点儿弧度走刀，在骨架轮廓位置划出绒毛。

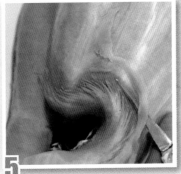

5 主刀去除绒毛废料，突出绒毛。

6 用果蔬雕刻专用画笔依次画出鳞羽、中羽、飞羽的位置。

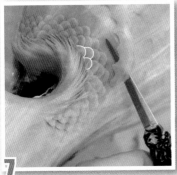

7 主刀下直刀依次刻出鳞羽，注意鳞羽的排序规律。

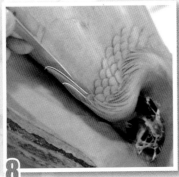

8 主刀刻出侧边中羽的羽毛。

9 用中号U型戳刀旋转着戳出中羽的羽毛，方便去废料。

10 依次用戳刀戳出全部中羽，注意下刀时要旋转。

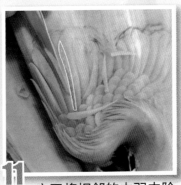

11 主刀将相邻的中羽去除废料，让层次分明。

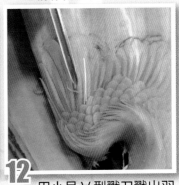

12 用小号V型戳刀戳出羽茎。

13 去除中羽尾部废料，突出中羽与飞羽的层次。

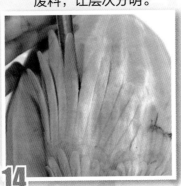

14 中大号U型戳刀以一样的方法戳出飞羽。

15 反面也同样的方法去废料，定出骨架轮廓。

八哥

扫二维码
看高清视频

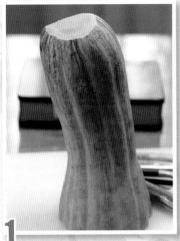

1 取一节实心南瓜，当季南瓜最好，硬度合适。

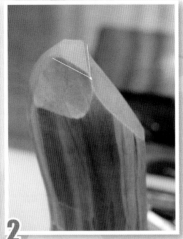

2 如图所示，在顶部分别切一刀，定出鸟头和鸟嘴的宽度。

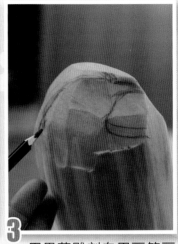

3 用果蔬雕刻专用画笔画出回头鸟的大形。

4 如图所示，沿着轮廓取出废料。

5 取出肚子轮廓废料。

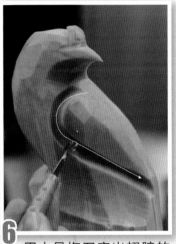

6 用中号掏刀定出翅膀的大形。

7 用 U 型戳刀定出鸟腿的位置。

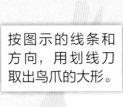

8 按图示的线条和方向，用划线刀取出鸟爪的大形。

9 鸟的另一侧同法处理，注意形状和位置要对应。

10 回头鸟的侧面大形，制作时结合视频和图片。

11 按图示的线条和方向，用小号 U 型戳刀戳出嘴角。

12 主刀走回旋刀定出鼻孔。

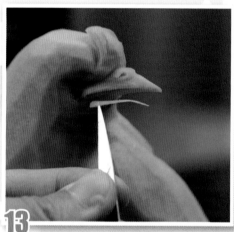

13 主刀走回刀定出嘴线。

14 用 U 型戳刀在鸟嘴后上方戳出眼睛轮廓。

15 如图所示，用中号掏刀在肚子上掏出羽毛的层次轮廓。

16 按图示的线条和方向，划线刀带一点儿弧度划出绒毛线条。

17 按图示的线条和方向，用主刀定出羽毛的叠加层次，羽毛长短不一才自然。

18 依次定出飞羽的层次。

19 用划线刀划出鸟爪的形状。

20 按图示的线条和方向，主刀依次修出鸟爪的骨骼形状和鸟爪肉垫的形状。

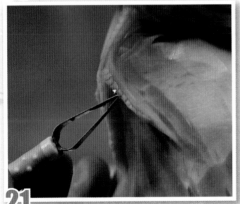
21 划线刀划出鸟爪的纹理。

22 按图示的线条和方向，修出鸟爪肉垫形状，并去除废料。

23 八哥主体的大形。

25 用划线刀在南瓜上划出羽茎。

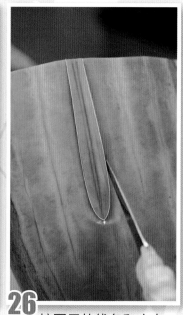

26 按图示的线条和方向，主刀下直刀定出尾羽的轮廓。

24 用中号掏刀在底座上掏出山石的轮廓和孔洞。

27 依次定出尾羽形状，注意尾羽的宽窄变化。

28 用502胶水黏结尾羽。

29 装上仿真眼，眼睛的位置往前靠，会让眼神聚焦更逼真。

扫二维码
看高清视频

1 将原料进行黏结。

2 在黏结口的上方做出鹦鹉的脖子，用大号U型戳刀去掉原料。

3 也可以用大号掏刀去料，使黏结口衔接自然。

4 主刀雕刻出鹦鹉的额头和上嘴的弧度。

5 中号U型戳刀从额头和嘴巴夹角的地方戳一刀。

6 用果蔬雕刻专用画笔画出鹦鹉嘴巴的轮廓。

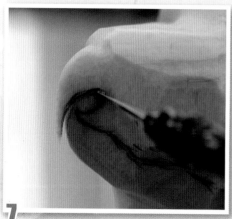

7 主刀沿着画线下直刀。

8 取出原料。

9 主刀沿着画线定出鹦鹉下方脖子的大形并去废料。

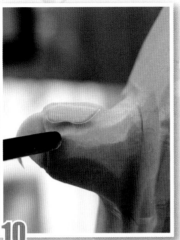

10 中号 U 型戳刀戳出眼眶额头。

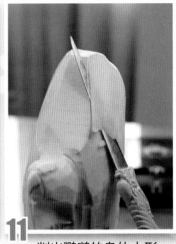

11 削出鹦鹉的身体大形。

12 戳出一个凹槽，便于削掉身体上面的原料。

13 鹦鹉身体的大形轮廓。

14 大号划线刀刻出鹦鹉下嘴角。

15 主刀雕出眼睛。

16 雕出一圈眼皮。

17 在眼睛后面划出绒毛。

19 小号划线刀划出脸部绒毛。

20 主刀下平刀去掉绒毛后面的原料。

23 主刀将羽毛打碎，使羽毛看起来更逼真。

18 主刀雕出鼻孔。

21 从额头起刀开始雕羽毛。

22 雕刻出身体上的羽毛，注意羽毛的大小和层次。

24 在身体后 1/3 处，定出爪子的位置。

25 分出前后脚趾，注意鹦鹉的脚趾前面有 2 根，后面有 2 根。

27 主刀刻出脚趾的肉垫。

28 取出嘴巴里面的原料。

31 划线刀增加羽毛的密度。

26 小号划线刀刻出每个脚趾的鳞甲。

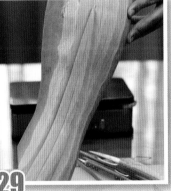

29 另取原料，定出尾巴上主羽的大形。

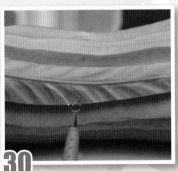

30 中号掏刀掏出羽毛的层次。

32 主刀在羽毛上划出一些缺口。

33 左右下斜刀将羽毛取出。

雕好的尾羽。 **34**

35 在主尾羽的背面粘上细铁丝。

将所有尾羽组装成尾巴。 **36**

37 另取原料，做出两边翅膀的的大形。

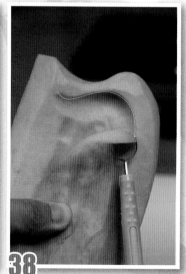

38 大号掏刀掏出翅膀里面的骨架。

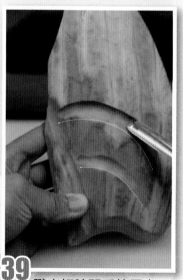

39 戳出翅膀羽毛的层次。

40 先雕出与身体黏结处的羽毛（肩羽、小复羽）。

然后雕出中复羽和小翼羽。 **41**

42 雕刻出初级飞羽。

左边的翅膀完成。 **43**

44 开始组装尾巴。

45 组装两边的翅膀。

46 装上仿真玻璃眼睛。

基围虾

扫二维码
看高清视频

动
物

1 青萝卜拼接后，按图示的线条，用大号U型戳刀戳出弧度。

2 掏刀掏出浪花翻卷的弧形。

3 戳出水浪的层次。

4 雕好的水浪大形。

5 中号掏刀掏出一些凹槽，让水浪有些变化。

6 再换成小号掏刀，掏出一些细碎的凹槽。

7 掏完并用砂纸打磨后的水浪。

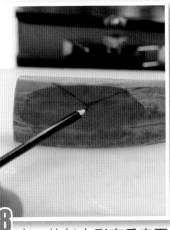

8 在一块长方形南瓜表面画出夹角。

9 主刀沿着画线下刀取出原料。

10 按图示的线条和方向，两边斜切呈Ｖ形，目的是收窄虾头。

11 在Ｖ形的两边各戳一刀，目的是收窄虾头尖刺。

12 主刀斜向雕刻出虾头的刺。

13 按图示的线条和方向，用主刀削出弧形取出废料，突出虾头的尖刺。

14 用果蔬雕刻专用画笔画出虾头的形状，注意线条的起点。

15 大号划线刀沿着画笔线条刻一刀。

16 主刀将棱角削掉，使其圆滑没有棱角，注意要上窄下宽。

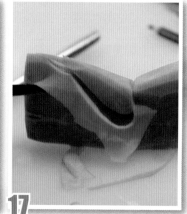

17 斜刀削除虾头下面的原料。

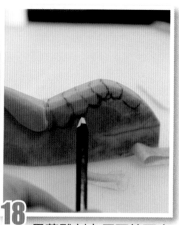

18 果蔬雕刻专用画笔画出虾身的形状。

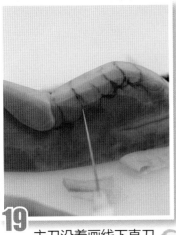

19 主刀沿着画线下直刀。

20 沿线条取出废料。

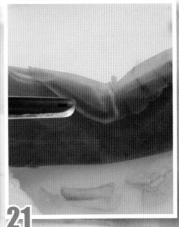

21 中号 U 型戳刀在虾头的边缘戳出层次。

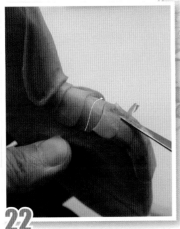

22 主刀下平刀削出虾身的层次，一层叠加一层。

23 从头部起刀，沿着虾的边缘形状走一刀。

24 取出废料。

25 定出虾脚的走向，取出废料。

26 主刀下直刀刻出虾脚。

27 小号 V 型戳刀戳出小的虾脚。

28 主刀从底部往虾头方向斜切（由薄到厚），这样触角尖部薄，靠近虾头位置厚。

29 取出虾脚中间的废料。

30 将雕好的虾取下来。刻虾脚时注意尽量戳到原料厚度中间，方便取料。

31 在南瓜原料上雕刻出两个锥形当眼睛。

32 粘上仿真眼睛。

33 粘在虾头部。

34 将竹扦削成细细的虾须，组装上去。

35 完成的虾。

36 最后将做好的基围虾组装到水浪上。

「外翻花」

扫二维码
看高清视频

花卉

整雕月季花

扫二维码
看高清视频

1 选一段新鲜的实心南瓜。

2 削掉南瓜皮。

3 在南瓜的一个面画出一个五边形。

4 斜刀削出画线的五边形。

5 再次下斜刀将五边形修成大拇指大小。

6 底部五边形跟拇指差不多大小，五条边尽量长短一致。

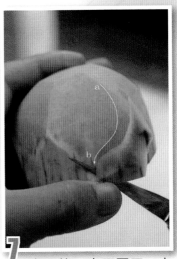

7 主刀从 a 点下平刀，走 S 线到 b 点结束，去除废料。

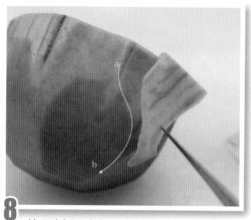

8 将原料翻过来，主刀从 a 点下平刀，走 S 线到 b 点结束，去除废料。

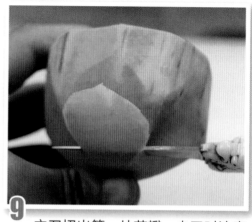

9 主刀切出第一片花瓣，走刀时注意使花瓣由薄逐渐变厚，到花瓣底部向里收一下，方便去废料。

10 用手将花瓣向外翻卷。

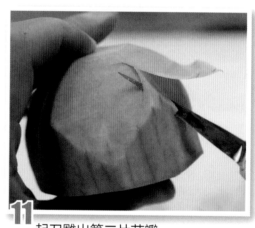

11 起刀雕出第二片花瓣。

12 雕出第一层的第三和第四片花瓣。

13 雕完第一层的五片花瓣。

14 主刀下斜刀在第一层的两片花瓣中间取出废料。

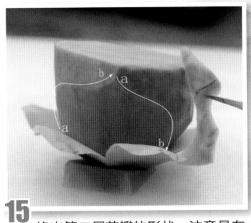

15 修出第二层花瓣的形状，注意是在第一层花瓣的两瓣中间。

16 斜刀雕出花瓣，边缘薄，根部厚。

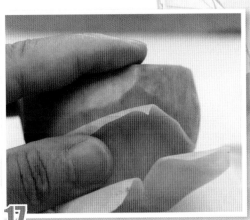

17 将花瓣边缘向外翻卷。

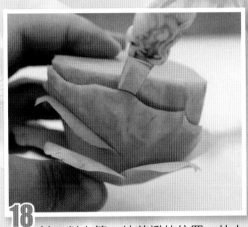

18 斜刀削出第二片花瓣的位置，从上一片花瓣中间位置起刀。

19 取出废料。

20 第二片花瓣从第一片花瓣的中间起刀。

21 雕出第二层的第二片花瓣。

22 雕完第二层花瓣。

23 主刀与原料垂直下刀去废料。

24 修出第三层花瓣的形状。

25 同样将花瓣边缘向外翻卷。

26 取出废料。

27 第三层花瓣和第二层花瓣也要交错开来。

28 主刀向外倾斜去废料。

29 雕出花心取出废料。

30 雕刻完成。

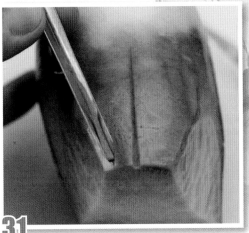

31 取青萝卜，用∨型戳刀戳出叶子的叶脉。

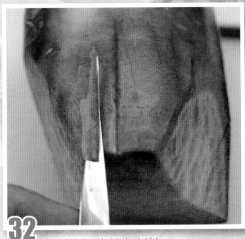

32 主刀将两边棱角削掉。

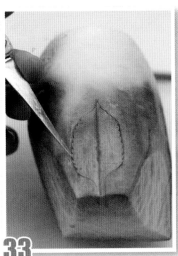

33 主刀刻出叶子边缘的锯齿状。

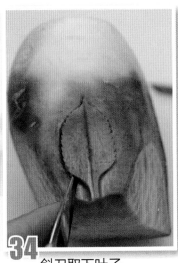

34 斜刀取下叶子。

35 刻好的叶子。

36 用铁丝缠上绿胶带做成树枝。

37 将树枝固定在一个铁皮花瓶中。

38 刻出花苞。把花和花苞插在树枝上。

39 粘上花苞的花萼。

40 最后粘上叶子。

41 特写。

白茶菊花

扫二维码
看看高清视频

1 准备原料：娃娃菜和小号 U 型戳刀。

2 戳刀在娃娃菜的茎部从上往下，由浅及深戳出菊花瓣。

3 依次戳出更多的菊花瓣，高低要错落有致。

4 主刀取出娃娃菜叶子废料。

5 依次重复以上步骤，刻出更多菊花瓣。

6 在内层叶片继续戳出菊花瓣。

7 娃娃菜最内层的菜心作为菊花花心。

8 娃娃菜泡在水中，花瓣会自然翻卷。

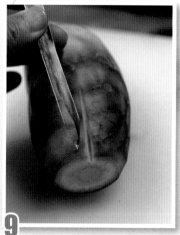

9 青萝卜去表皮，用 V 型戳刀戳出叶子羽茎。

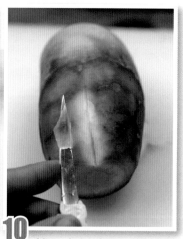

10 接下来刻叶子，萝卜用主刀修出圆润的弧度。

11 主刀下直刀定出叶子的轮廓。

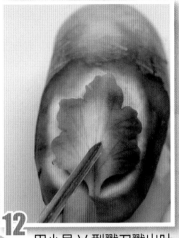

12 用小号Ⅴ型戳刀戳出叶子的经络线条。

13 主刀在两侧下斜刀取出叶子。

14 芋头用502胶水黏结成假山。

15 用主刀修出假山大形，掏刀掏出轮廓和孔洞。

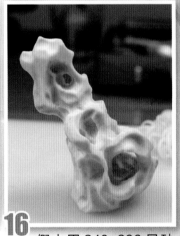

16 假山用240~600目砂纸打磨后的效果。

17 在铁丝上缠绕纸胶带做成花枝，把菊花固定在铁丝枝干上。

18 固定好菊花叶子。

19 组装好的效果。

「假山」

情境

扫二维码
看高清视频

1 将两个红薯拼接在一起。

2 削掉表皮。

3 用果蔬雕刻专用画笔画出假山轮廓，然后用U型戳刀戳出轮廓。

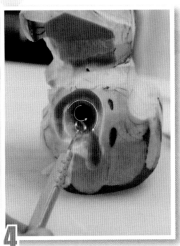

4 掏刀掏出洞口，在洞口边缘掏出外围的弧度。

5 假山的大形。

6 假山用砂纸打磨光滑，然后用水冲干净。

7 取一块青萝卜，用主刀带一点儿弧度刻出小草。

8 将小草组装到假山上。

宝塔

扫二维码
看高清视频

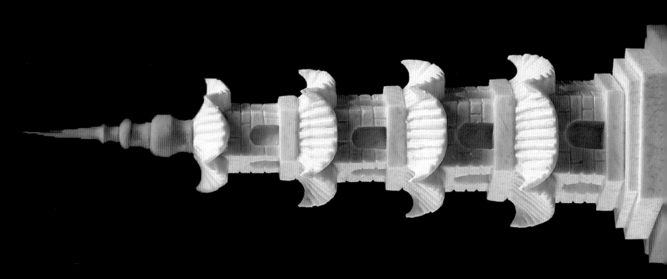

1 把芋头刻成如图所示的五边形立方体，方法是在顶端先画一个圆，再用角度尺定出5个72°角。

2 切出原料大形，定出宝塔每层的高度，以及屋檐的高度。

3 泡沫切刀切薄墙壁，突出屋檐。

4 宝塔的基础大形。

5 继续削薄每层四周的墙壁。

6 用U型戳刀戳出门洞弧形的轮廓。

7 用主刀细修定出门洞。

8 左右下刀取出废料。

9 用中号掏刀加深洞口深度。

10 四层都做好的基础大形。

11 用∨型戳刀戳出墙壁砖纹。

12 划线刀划出更细致的砖纹，注意上下的纵向线条要错开。

13 主刀分别在每层的底部切出线条，加深层次。

14 主刀在每个屋檐的下角向下切出弧度。

15 屋檐两个棱之间的面，用主刀切出如图所示的弧面。

16 划线刀去除屋檐角两侧废料，使屋檐角呈翘起来的样子。

17 其他屋檐角也同法处理。

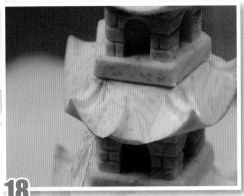

18 主刀去除屋檐角周边废料，加大弧面深度。

19 划线刀依次掏出屋檐面的纹理。

20 用主刀将屋檐的纹理修圆润，使之过渡自然。

21 划线刀在屋檐纹理的洼陷处加深，让线条更加分明。

22 主刀左右下刀，依次取出屋檐角下方废料。

23 用南瓜雕刻出宝塔顶部形状。

24 南瓜黏结出底部台阶。

25 成品图（如果宝塔泡水后出现歪弯状况，是下刀的深浅不一导致的）。

浪花

扫二维码
看高清视频

1 选一段实心南瓜。

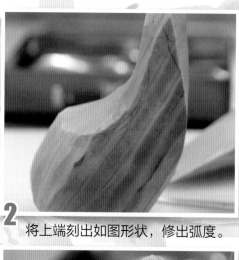

2 将上端刻出如图形状，修出弧度。

3 在底部黏结出图示形状的原料。

4 用果蔬雕刻专用画笔画出浪花的形状。

5 主刀沿着画线雕刻出浪花大形，取出原料。

6 主浪花的大形。

7 再黏结一些小块原料，并雕刻出小的浪花。

8 用掏刀将黏结口处理流畅。

9 整朵浪花的大形。

10 表面用砂纸打磨光滑。

11 打磨完成的浪花。

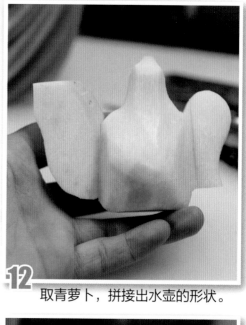

12 取青萝卜，拼接出水壶的形状。

13 进一步细修出水壶的大形。

14 雕出水壶的把手，然后打磨。

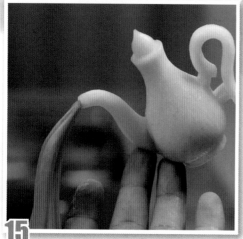

15 将水壶固定到水浪的另一端。

16 完成。

帽子

扫二维码
看高清视频

1 先在原料的底部画出正六边形。

2 切出底部的六边形，尽量六个面大小一致。

3 切成如图所示形状，顶部约拇指大小。

4 定出屋檐的高度，下直刀切出一定深度。

5 平刀去掉第一层废料，突出屋檐宽度。

6 底部下直刀切出一定深度，定出亭子底部的高度。

7 主刀取出第二层废料。

8 主刀依次削掉屋檐的棱角，使屋檐呈现出圆滑的弧度。

9 主刀削出房顶的弧度，突出亭檐角。

10 主刀在亭檐的棱角处，从上往下削出瓦梁的弧度。

11 大号掏刀加深房顶的弧度，使房顶的曲线明显一些。

12 划线刀沿着亭檐两侧刻出瓦梁。

13 主刀修平亭檐的边缘。

14 先画出瓦槽的大小。

15 再用划线刀沿着画线刻出瓦槽。

16 主刀修掉瓦槽边缘棱角。

17 大号划线刀加深瓦槽两边的凹陷程度。

18 主刀修出亭檐边缘凸凹的层次。

19 主刀依次雕出叠加的瓦片层次。

20 主刀下对角刀取出亭子中间的废料，留出柱子的位置。

21 大号掏刀将亭子中间掏空。

22 雕刻出柱子中间相连的部分。

23 完成的亭子大形。

24 将两根柱子连接的地方修成圆弧面。

25 用碎料拼接突出的亭檐。

然后雕出瓦梁尾部形状。 **26**

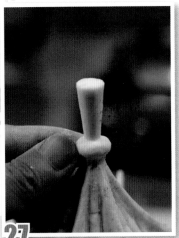

27 组装亭子顶部结构。

28 中号掏刀掏出条形。

29 将条形的原料平面向内贴着柱子的底部绕一圈。

30 南瓜切条。

31 将南瓜黏结在亭子的底部。

32 平刀切出梯子的层次。

33 黏结好柱子上的木架子。

34 完成。

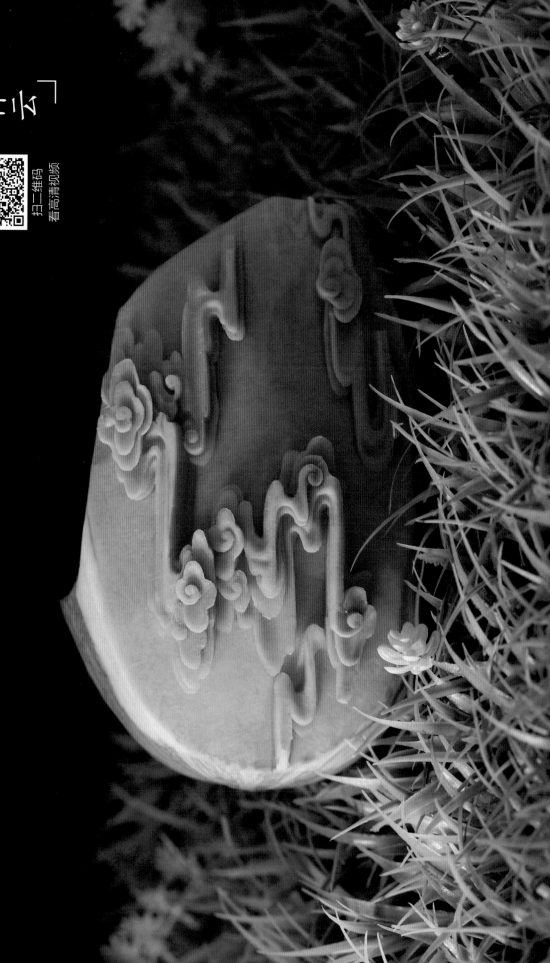

「祥云」

1 选择南瓜肚子当原料。

2 去掉南瓜皮，画出云朵的形状。

3 主刀下斜刀沿着画线走一圈。

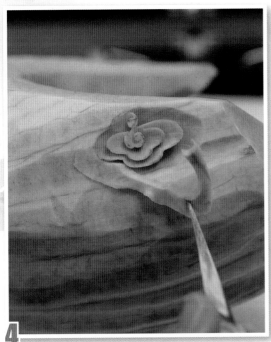

4 主刀下斜刀取出边缘的废料，突出云层。

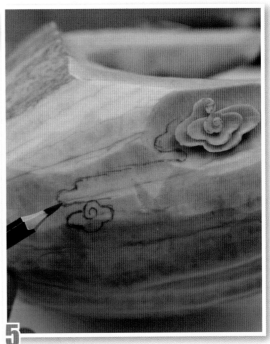

5 再次画出相连的云朵。

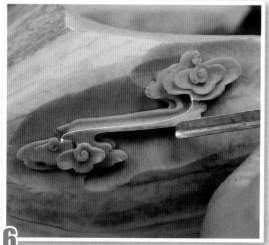

6 雕出云层之后，用U型戳刀戳出层次。

7 主刀雕出云尾。

8 云层之间互相连接，有疏有密。

9 削掉废料，再雕下一层云朵。

10 雕刻完成进行打磨。

食品雕刻目前已经发展到非常成熟的状态，那么新入行的朋友怎样才能在这严峻的环境中突出重围呢？第一步肯定是要达到和老手们同样的熟练程度，如用刀的自如度，对造型的胸有成竹，对色彩搭配的把握等。这些拼的是基础硬实力，但只有这些是不能让你一枝独秀的，为什么呢？比如别人做一个站着的小鸟，你也做一个站着的小鸟，凭什么能让大家记住的是你，而不是驻扎行业许久已有一定知名度的老手呢？这个时候就需要在造型上出奇制胜，在基本功都接近的情况下，需要的就是推陈出新，中规中矩必定被淹没。我们可以在造型上开创自己的独特创意，让大家有不一样的感觉，在看到这个作品时会觉得眼前一亮，觉得这个作品有点意思，跟别的不一样，继而引导传播。要给自己有个性的标签，从而脱颖而出。

希望我们的书籍能给大家带来的不仅是雕刻的技法，更多的是创新理念。刻苦练习只是第一步，只有努力加创新，才能让你独树一帜。下面给大家带来一些有创意的基础食品雕刻作品教程。

二、创意作品

「翠鸟」

鸟
类

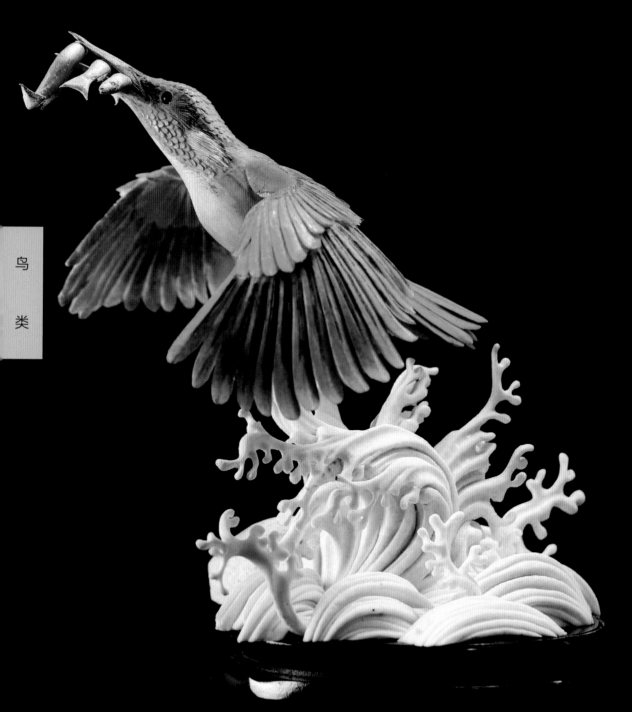

1 先将翠鸟的头部及身体的大形定出来，制作时可以临摹。

2 把嘴巴和眼睛刻好之后，用果蔬雕刻专用画笔定出腮部小羽毛的位置。

3 主刀刻出腮部的小羽毛，层次的叠加要乱中有序，不可和鱼鳞一样。

4 用划线刀刻出眼睛后面的绒毛。

5 主刀加深绒毛的层次。

6 同时把头部的小羽毛也刻出来。

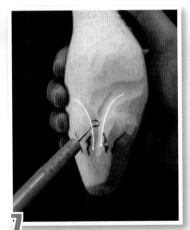

7 用最小号掏刀在大腿位置的中间掏出一个凹度，突出大腿。

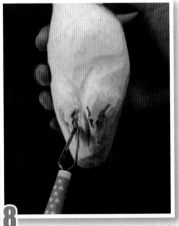

8 用划线刀掏出大腿的关节。

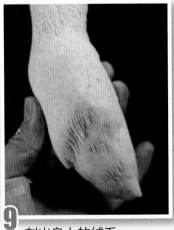

9 刻出身上的绒毛。

10 主刀刻出并取下尾巴的羽毛。

11 将几个尾羽拼接起来，形成尾巴。

12 把尾巴粘在鸟身上。

13 另取一块芋头，用中号掏刀掏出水浪的起伏感。

14 再用划线刀加深层次。

15 取两块芋头拼接起来，用果蔬雕刻专用画笔画出浪花的形状。

16 中号掏刀沿着画线掏出凹槽。

17 主刀沿着内侧的画线刻出浪花的大形。

18 中号掏刀在侧边掏出层次。

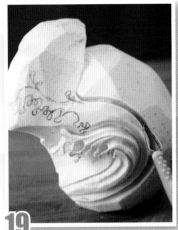
19 用划线刀加深凹槽的深度。

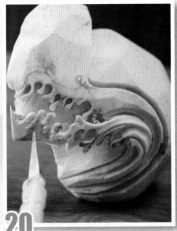
20 主刀去掉第二层浪花的废料。

21 在第二层浪花的内侧画出一朵浪头。

22 反方向也画一朵浪花的大形。

23 将反方向的浪花刻出。

24 浪花主体。

25 将翠鸟固定到浪花的上方。

26 刻出翠鸟的爪子。

27 把爪子粘好。

28 刻出左右两边翅膀大形。

29 主刀加深翅膀根部绒毛层次。

30 刻出翅膀的第一层羽毛。

31 刻出左边翅膀更长的一层羽毛。

32 刻好的翅膀大形，注意弧度要自然。

33 将翅膀组装好。

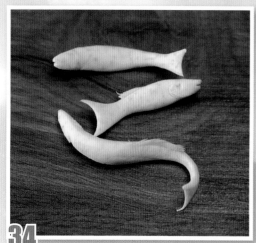

34 刻几条小鱼儿。

35 将鱼装到翠鸟的嘴巴里。

36 在鱼身上刷上银灰色。

37 给翠鸟的嘴巴刷上灰色，在眼睛后面的绒毛上刷上日落黄色。

38 头部跟腮部的小羽毛刷蓝色。

39 爪子刷日落黄色，腹部也刷黄色，但比爪子的颜色要浅一些。

40 翅膀的绒毛及背部刷一层绿色。

41 第一层短些的羽毛也刷绿色。

42 在长飞羽的每一根羽毛1/2处刷一层淡淡的蓝色。

43 剩下的1/2刷淡灰色。

戴胜鸟

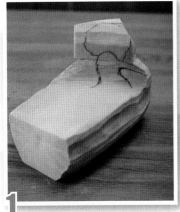

1 将南瓜拼接出如图的大形，用果蔬雕刻专用画笔画出戴胜鸟头部大形。

2 主刀沿着画线去掉废料。

3 画出翅膀的位置。

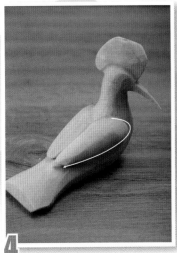

4 刻出整体大形。

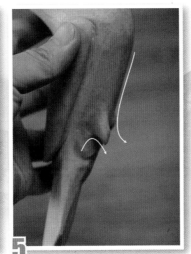

5 刻出戴胜鸟的大腿，注意大腿位置要合理。

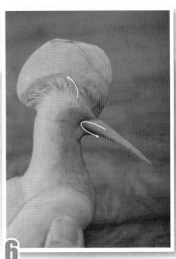

6 刻出嘴角和头上的绒毛。

7 雕刻出眼睛及周边绒毛。

8 主刀雕出头羽，注意层次要突出。

9 刻出翅膀，注意层次。

10 最后把尾巴也刻出来。

11 在南瓜的表面画出树桩破损的纹路。

12 用掏刀沿着画线刻出烂树桩的形状。

13 雕刻两只小鸟的头。

14 将鸟头装在树桩的树洞里，并进一步修饰树洞。

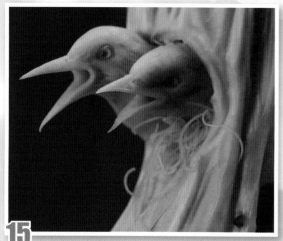

15 在树洞洞口粘上一些划线刀划出的南瓜丝。

16 粘上戴胜鸟的爪子，装上仿真眼。

企鹅

1 用果蔬雕刻专用画笔画出企鹅的轮廓。

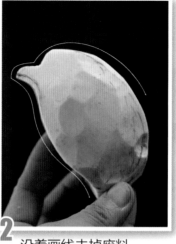

2 沿着画线去掉废料。

3 中号掏刀刻出企鹅嘴巴的弧度。

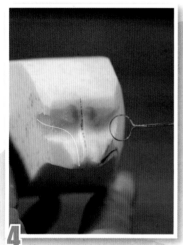

4 掏出眼睛的位置。

5 主刀将嘴巴的形状修出来。

6 主刀刻出眼睛。

7 粘上企鹅的眼珠。

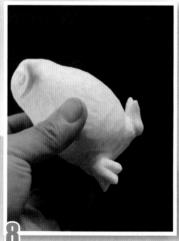

8 刻出企鹅的脚。

9 粘上企鹅的手臂。

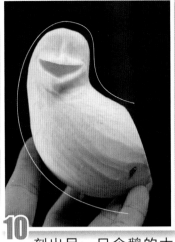

10 刻出另一只企鹅的大形。

11 主刀刻出眼睛和嘴巴。

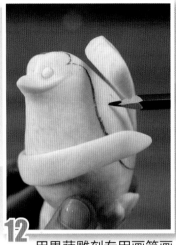

12 用果蔬雕刻专用画笔画出身体颜色的分界。

13 企鹅的嘴巴涂上日落黄色。

14 眼睛涂白色和黑色，注意眼睛的视线方向。

15 背面涂黑色。

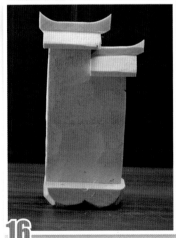

16 芋头拼接出一堵带屋檐的墙的大形。

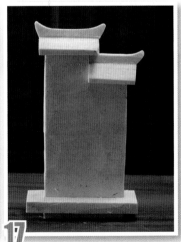

17 将屋檐的棱角修光滑，墙的底部接好切平。

18 刻出瓦梁的层次。

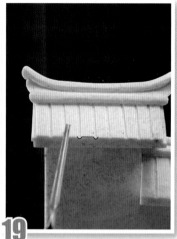

19 小号 U 型戳刀分出瓦槽。

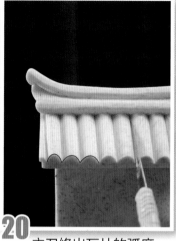

20 主刀修出瓦片的弧度。

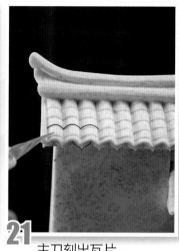

21 主刀刻出瓦片。

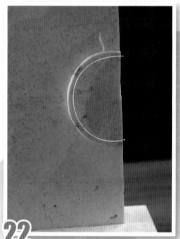

22 去掉周围的原料让窗户的边框凸起。

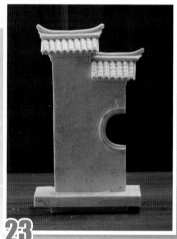

23 去掉窗户中间的原料。

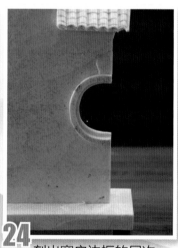

24 刻出窗户边框的层次。

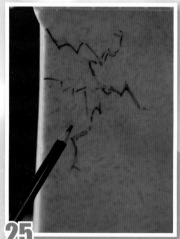

25 用果蔬雕刻专用画笔画出墙上的裂缝。

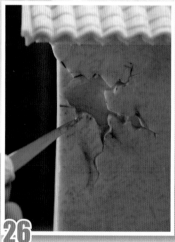

26 主刀沿画线去废料。

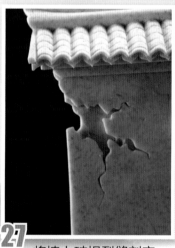

27 将墙上破损裂缝刻完。

28 打磨。

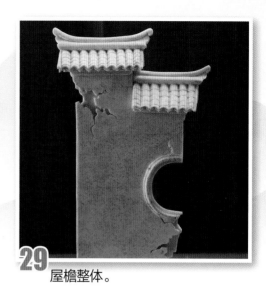

29 屋檐整体。

30 刻出太湖石的大形。

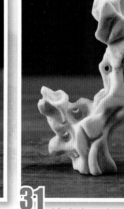

31 给太湖石打磨。

32 喷上青石色。

33 刻出几根小草，然后喷柠檬黄色。

34 根部刷上绿色。

35 小草的尖尖位置刷咖啡色。

36 组装成一株小草。

37 做好的花心。

38 花心喷红色。

39 刻出花瓣，并和花心粘好。

40 将小花插在小草中间。

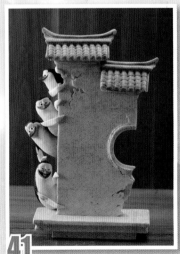

41 将做好的企鹅固定在屋檐的左边。

42 然后给企鹅的手臂刷黑色。

43 装上花和太湖石。

44

45

44~47 特写。

46

47

锦鸡

1 将实心南瓜拼接成如图所示的大形。

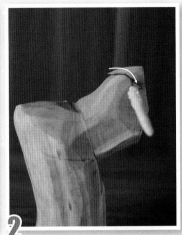

2 主刀刻出锦鸡的额头，锦鸡的额头要高一些。

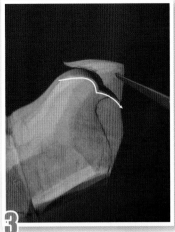

3 取下废料，注意额头的凸起部分线条要流畅。

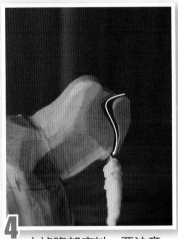

4 去掉腹部废料，要注意：线条要圆润，不可刻成 V 形这种棱角分明的线条。

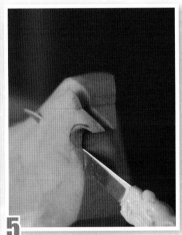

5 将头部和嘴巴的部分削薄收窄。

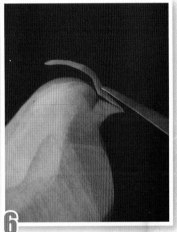

6 将头顶修圆滑，取下废料。

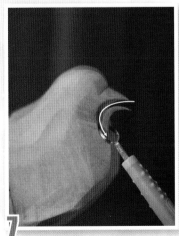

7 大号掏刀在下巴的位置掏出凹槽。

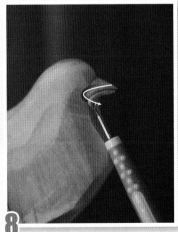

8 小号掏刀刻出嘴角。

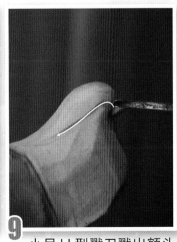

9 小号 U 型戳刀戳出额头眉骨。

10 主刀去棱角修圆滑。

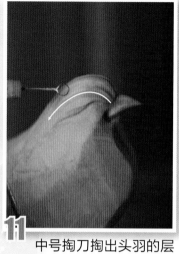

11 中号掏刀掏出头羽的层次。

12 小号划线刀刻出头羽线条。

13 将头羽下的废料取下。

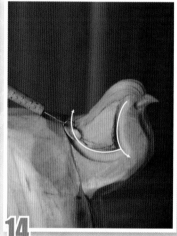

14 中号掏刀定出颈部羽毛的位置。

15 主刀修去棱角，突出颈部羽毛。

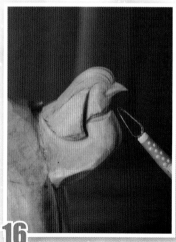

16 划线刀定出锦鸡脸部大小。

17 主刀去掉胸部多余废料。

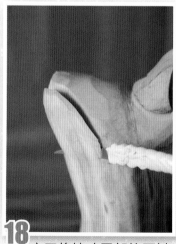

18 主刀将锦鸡尾部的原料收窄。

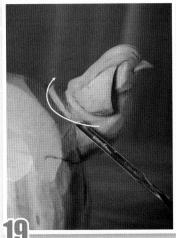

19 小号 U 型戳刀定出背部鳞羽的位置。

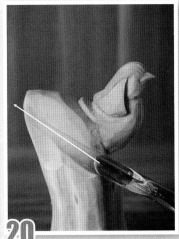

20 大号 U 型戳刀向上戳，突出身体。

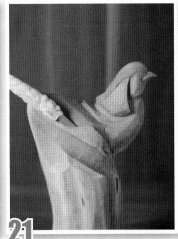

21 将身体位置的棱角修圆润。

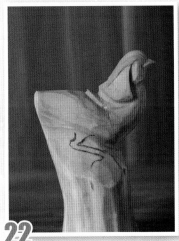

22 用果蔬雕刻专用画笔画出小腿位置。

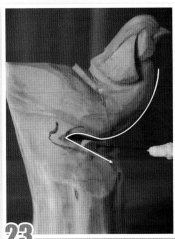

23 主刀去掉腹部废料。

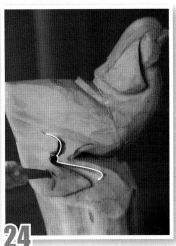

24 主刀取下腿后面的废料。

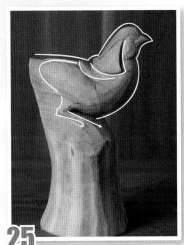

25 锦鸡身体大形。

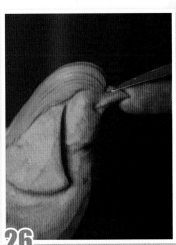

26 主刀刻出鼻子。

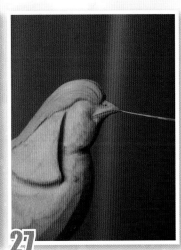

27 主刀刻出嘴的线条。

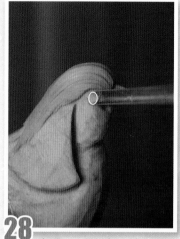

28 小号 U 型戳刀定出眼睛位置。

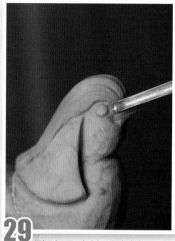

29 戳除眼睛前后废料。

30 主刀刻出锦鸡脸上的肉赘。

31 小号划线刀刻出脸部的绒毛。

32 主刀刻出颈部的羽毛。

33 每片羽毛刻出两层，更有层次感。

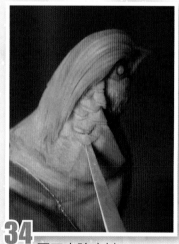

34 平刀去除废料。

35 分出锦鸡的翅膀。

36 划线刀刻出翅膀边上的绒毛。

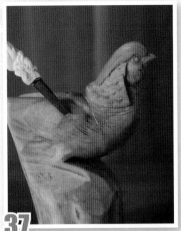

37 主刀去除绒毛里面的废料。

38 刻出锦鸡的翅膀。

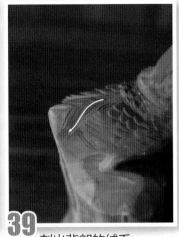

39 刻出背部的绒毛。

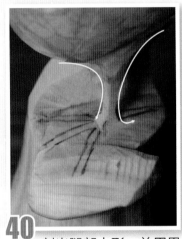

40 刻出腿部大形，并用果蔬雕刻专用画笔画出左边爪子的形状。

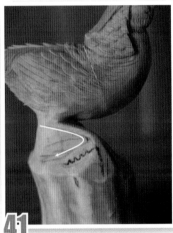

41 画出锦鸡右边的爪子。

42 划线刀分出脚趾大形。

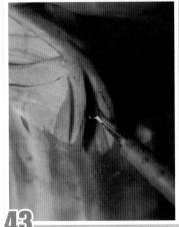

43 中号掏刀去掉脚趾中间的废料。

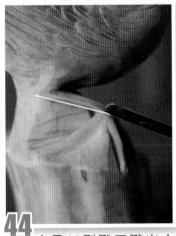

44 小号U型戳刀戳出小腿的骨感。

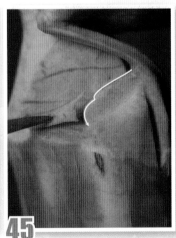

45 主刀刻出后脚趾的形状。

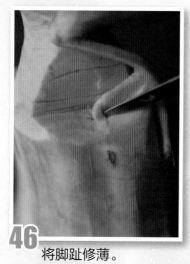

46 将脚趾修薄。

47 主刀斜往内刻出脚趾的肉垫。

48 小号划线刀刻出脚趾的鳞甲。

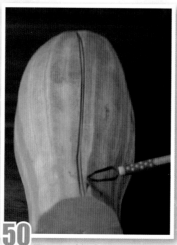

49 把两边的爪子细细修好。

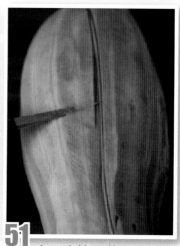

50 另取一块南瓜，用大号划线刀刻出尾羽的羽茎。

51 主刀去掉羽茎两边的废料。

52 刻出尾羽的形状并取下废料。

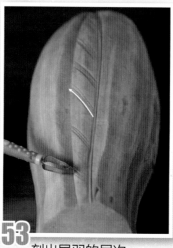

53 刻出尾羽的层次。

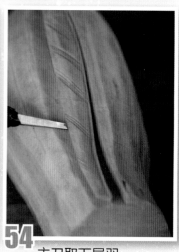

54 主刀取下尾羽。

55 刻出的尾羽大形。

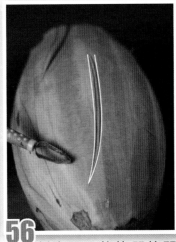

56 刻出尾巴修饰羽的羽茎。

57 主刀刻出修饰羽的形状，然后去废料。

58 把修饰羽的边缘棱角去掉。

59 主刀取下修饰羽。

60 共刻出两个修饰羽。

61 将5根尾羽拼接起来。

62 将尾羽和修饰羽都粘在鸟身上。

63 小号掏刀刻出眼眶。

64 装上仿真眼，头羽喷土黄色。

65 腹部喷深红色。

66 尾巴的修饰羽喷深红色。

67 尾巴的主羽喷淡淡的墨色。

68 颈部羽边缘涂黑色。

69 背部第一层羽毛涂蓝色。

70 背部第二层羽毛涂黑色。

71 翅膀涂上湖蓝色。

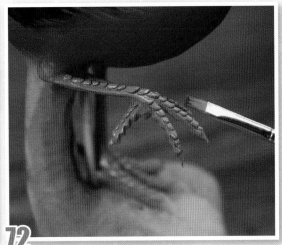

72 小腿和爪子涂土黄色。

73 趾甲涂黑色。

74 在尾巴的主羽上点白色的圆点。

75 头部特写。

76 尾部特写。

两只小鸟

108

1 取实心南瓜，一端收窄做鸟嘴，用果蔬雕刻专用画笔画出鸟的大形。

2 主刀沿着画线定出鸟的轮廓。

3 身体靠尾巴处收窄。

4 把身体边缘的棱角修掉。

定出鸟腿的位置并修圆润。 **5**

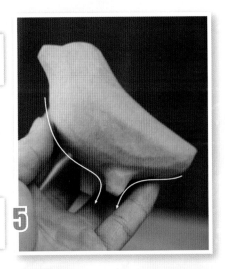

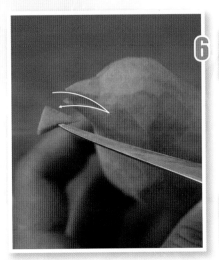

6 开出鸟嘴，注意弧度。

小号掏刀定出嘴角。 **7**

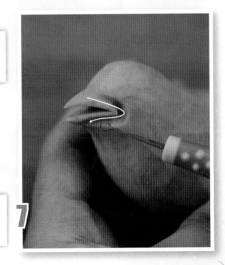

8 掏刀定出眉骨和眼睛位置。

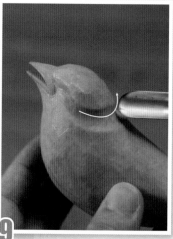

9 头部后面戳一刀突出额头。

10 戳刀定出眼睛，主刀修出眼皮。

11 划线刀定出绒毛的线条。

12 鸟身体大形。

13 再取一块南瓜，制作另外一只鸟，先定出站立鸟的大形，注意临摹。

14 主刀把大形修圆润，修出鸟头。

15 划线刀划出鸟身体绒毛。

16 刻出翅膀的大形。

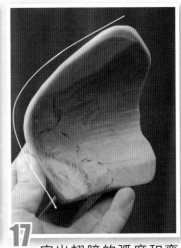
17 定出翅膀的弧度和弯度,并且定出鸟羽层次。

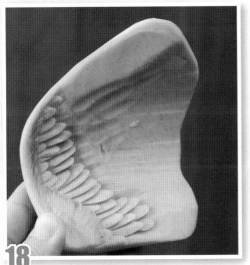
18 划线刀划出绒毛,主刀依次雕刻出错落的羽毛。

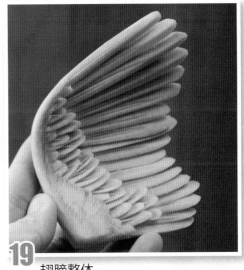
19 翅膀整体。

20 翅膀正反面。

21 注意左右翅膀要对称。

22 取一块南瓜，画出树桩的树皮纹理。

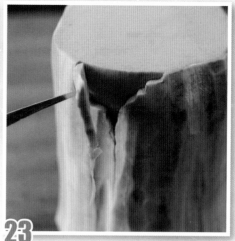

23 主刀走直刀去废料，突出树皮。

顶部平面上划出年轮，注意下刀的弧度。

24

25 树桩侧面。

26 树桩纹理。

27 刻出尾羽的大形。

28 用铁丝支架把鸟固定在树桩上。

29 粘上鸟爪，注意表现出两只鸟的肢体语言，从而产生故事性联想。

30 组装翅膀。

31 特写。

「猫头鹰」

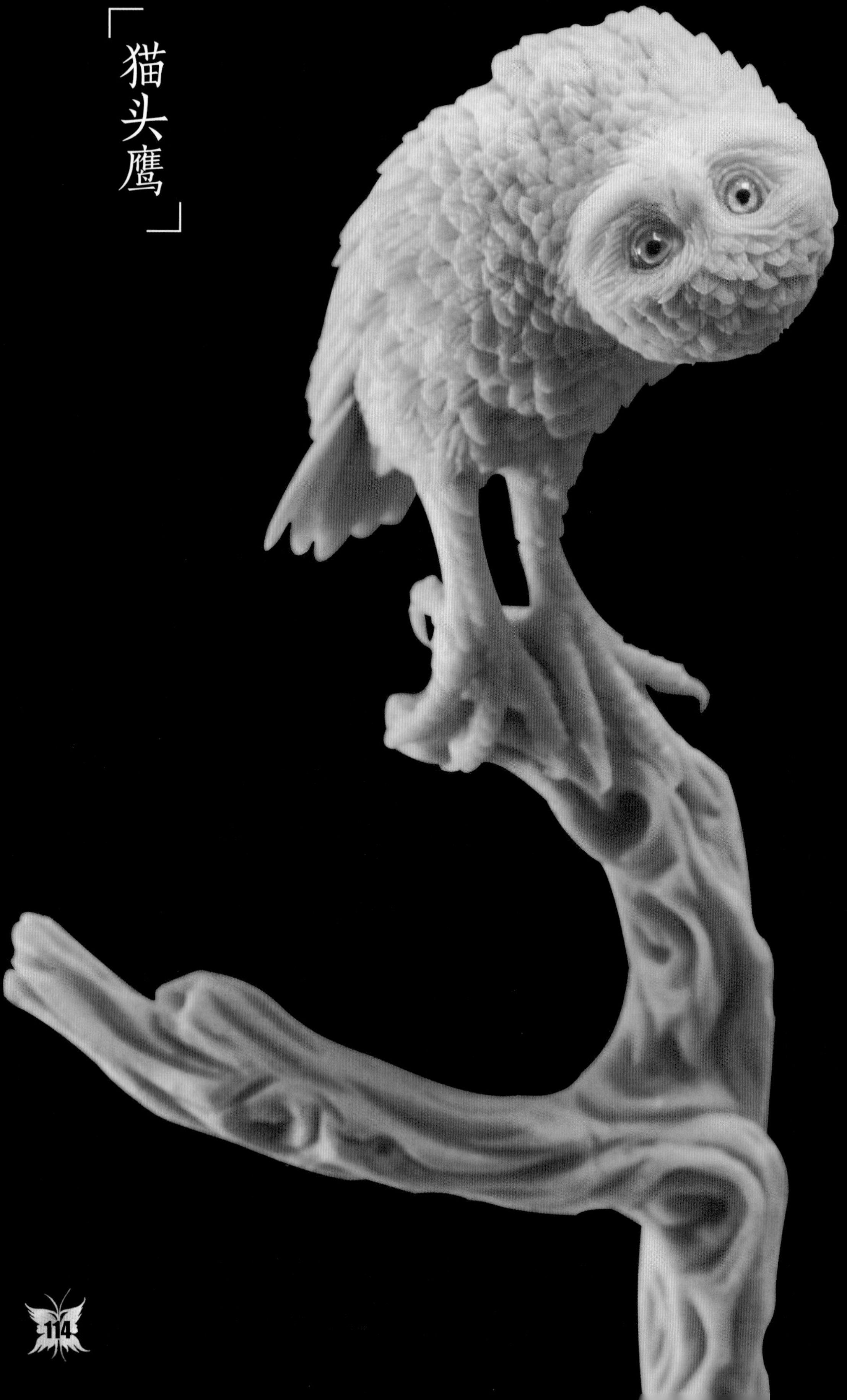

1 定出猫头鹰头部，主刀削去棱角，突出头部。

2 主刀去掉腹部废料。

3 大号掏刀定出翅膀位置。

4 主刀去废料，将猫头鹰的身体往里收一点。

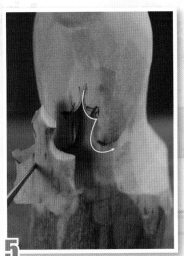

5 分出两个翅膀，取出废料。

6 中号掏刀定出尾巴的长度。

7 猫头鹰的身体大形。

8 中号掏刀掏出羽毛的层次感。

9 主刀削掉棱角。

10 中号 U 型戳刀戳出额头中线。

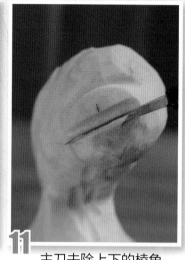

11 主刀去除上下的棱角。

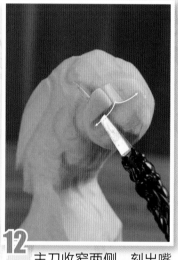

12 主刀收窄两侧，刻出嘴巴。

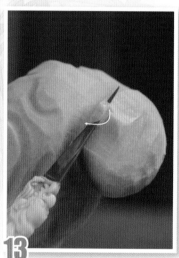

13 去掉下巴的废料。

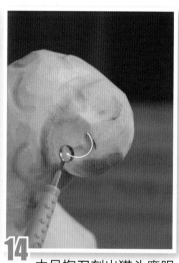

14 中号掏刀刻出猫头鹰眼眶。

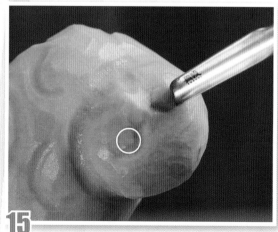

15 U 型戳刀定出眼睛。

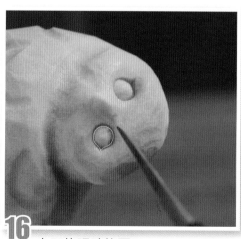

16 主刀将眼睛修圆。

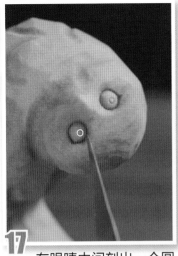

17 在眼睛中间刻出一个圆圈。

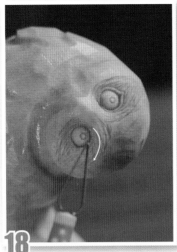

18 划线刀刻出眼睛边上的绒毛。

19 主刀加深绒毛的缝隙。

20 刻出下巴的绒毛。

21 主刀刻出嘴角线。

22 从头部开始刻出鱼鳞羽。

23 脖子上的鱼鳞要小一些。

24 从脖子到身体，鱼鳞羽慢慢变大。

25 主刀刻出翅膀和尾巴。

26 把所有的羽毛刻完。

27 刻出羽毛的羽茎。

28 猫头鹰背面。

29 刻出小腿和爪子大形。

30 修去棱角。

31 主刀刻出爪子上的鳞甲。

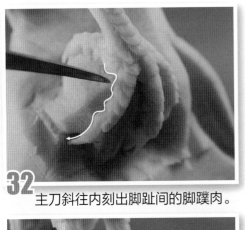

32 主刀斜往内刻出脚趾间的脚蹼肉。

33 先刻出正面猫头鹰右脚的爪子。

34 再把另外一只爪子刻出来。

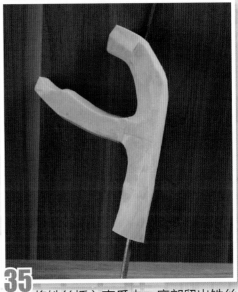

35 将铁丝插入南瓜中，底部留出铁丝方便插入底座。

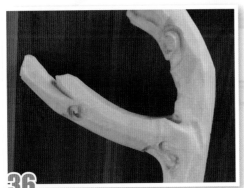

36 掏刀掏出树洞。

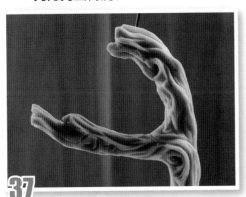

37 刻出树枝粗糙的纹路。

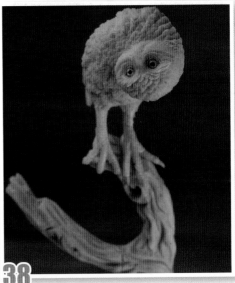

38 将猫头鹰组装到树枝上。

鸳鸯兰花

1 取一个芋头，先做出鸟的大形，用大号U型戳刀戳出凹槽。

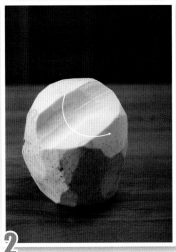

2 戳出如图所示形状。

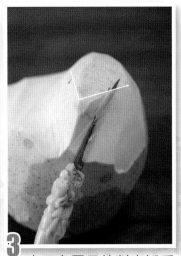

3 主刀在图示处削出近乎直角的两个面当鸟嘴。

4 主刀去掉鸟头后面背部的废料。

5 碎料拼接出另一只鸟的身体。

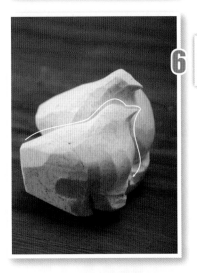

6 刻出两只鸟的大形。

7 背面造型。

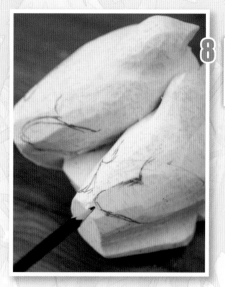

8 用果蔬雕刻专用画笔画出翅膀。

9 沿着画线去废料，刻出翅膀大形。

10 接出尾巴的原料。

11 把大形定好。

12 刻出嘴巴和眼睛，注意眼睛看的方向。

13 刻出绒毛。

14 刻出翅膀。

15 刻出它们的尾巴。

16 最后刻出它们的爪子。

17 把两只鸟的细节都刻好。

18 嘴巴先刷淡淡的肉色。

然后在嘴尖的地方刷紫色。 **19**

20 在眼睛的边缘和胸部刷蓝色。

在绒毛的缝隙里刷一些黑色。 **21**

22 背部刷咖啡色。

23 尾巴刷蓝色。

24 给另一只鸟也上颜色。

25 刻出假山的形状。

26 用划线刀加深假山的层次。

27 用砂纸打磨。

28 将两只鸟粘在假山上。

29 V 型戳刀戳出兰花叶子的纹路。

30 取下叶子，刷上淡黄色。

31 再刷浅绿色。

32 在叶子的中间刷深绿色。

33 叶子的边缘刷咖啡色。

34 做好的兰花叶子。

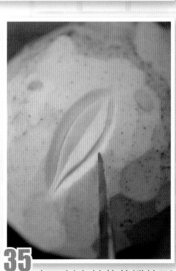

35 主刀刻出兰花花瓣的形状。

36 主刀将花瓣取下。

37 花瓣的顶部 1/3 处刷粉红色。

38 用铁丝绑出兰花的枝干。

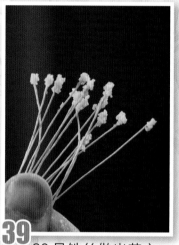

39 30 号铁丝做出花心，顶部粘上芋头碎粒。

40 花心喷红色。

41 将花心绑在枝干上。

42 粘上花瓣，一般一朵花有 5 个花瓣。

43 把所有的花瓣都粘好。

44 粘上叶子。

45 刻出花苞。

46 花苞刷粉红色。

47 将花苞粘在枝干上并粘上叶子。

48 把兰花插在假山的右边。

49 49~50 特写。

50

「知了」

1 取一段南瓜，大号掏刀掏掉南瓜中心的原料。

2 用果蔬雕刻专用画笔画出竹子烂掉的轮廓。

3 主刀沿着画线去掉废料。

4 中号掏刀掏出竹子关节。

5 主刀刻出竹身烂掉的层次。

6 小号掏刀掏出烂掉的纹理。

7 刻完效果。

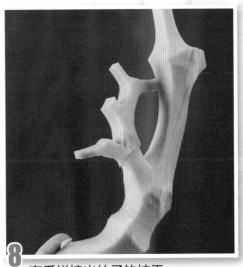

8 南瓜拼接出竹子的枝干。

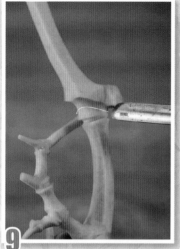

9 中号U型戳刀戳出竹节。

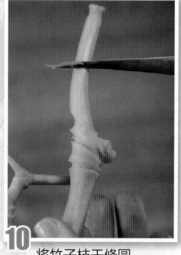

10 将竹子枝干修圆。

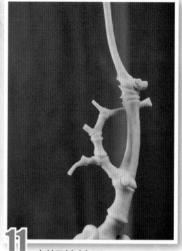

11 刻好的枝干。

12 将枝干粘在烂竹子的根部。

13 刻出竹叶的形状。

14 U型戳刀戳出竹叶的纹路。

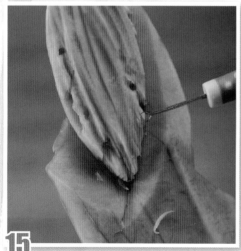

15 掏刀掏出竹叶的破口。

16 破损的竹叶大形。

17 将竹叶粘在竹子上。

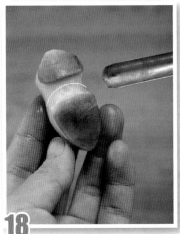

18 中号U型戳刀在青萝卜上分出知了的头部与身体。

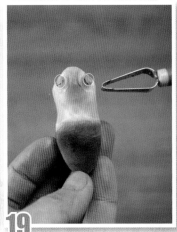

19 划线刀刻出知了的眼睛。

20 主刀刻出嘴巴。

21 刻出知了肚子的纹路。

22 取青萝卜皮，刻出知了的翅膀。

23 刻好的知了腿。

24 将翅膀和腿都粘好，将知了粘在竹子的枝干上。

「竹竿麻雀」

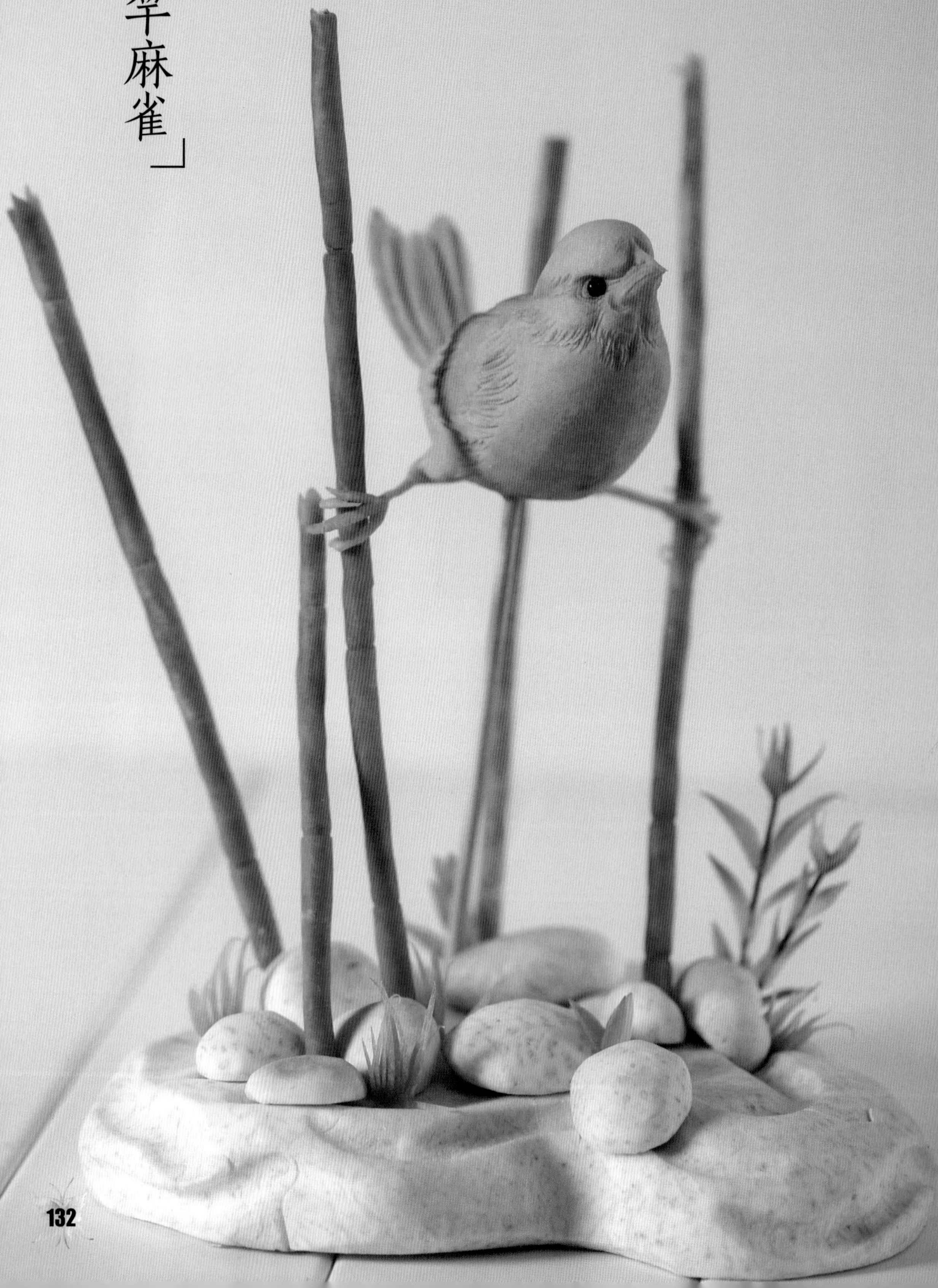

1 取一段实心南瓜。

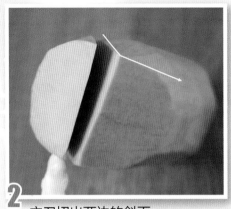

2 主刀切出两边的斜面。

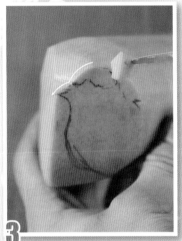

3 用果蔬雕刻专用画笔画出麻雀头部大形，主刀定出额头。

4 主刀修出麻雀胸部大形，去掉废料。

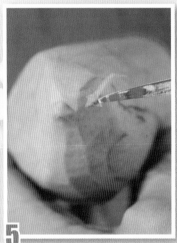

5 主刀细修嘴巴，去掉棱角。

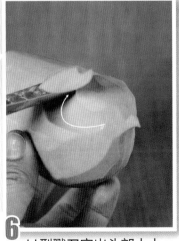

6 U型戳刀定出头部大小。

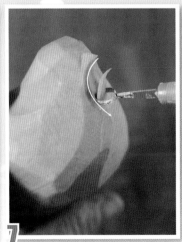

7 中号掏刀掏出下巴，并去掉废料。

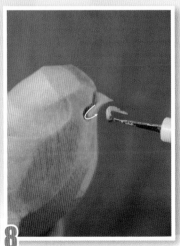

8 小号掏刀刻出嘴角。

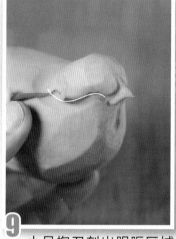

9 小号掏刀刻出眼眶区域凹陷部分。

10 中号 U 型戳刀加深颈部的层次。

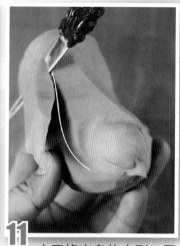

11 主刀修出身体大形，尾部逐渐收窄。

12 主刀刻出眼睛。

13 小号 U 型戳刀将眼睛前面的废料去除。

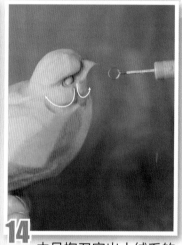

14 中号掏刀定出小绒毛的位置。

15 中号掏刀定出翅膀位置。

16 用果蔬雕刻专用画笔画出大腿的位置。

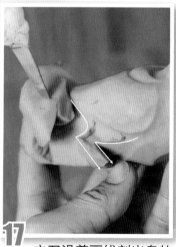

17 主刀沿着画线刻出鸟的大腿。

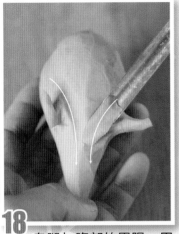

18 鸟腿与腹部的界限，用中号戳刀戳一刀，使其过渡圆滑。

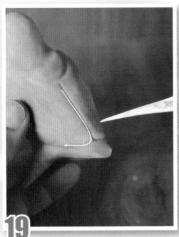

19 主刀分出两边翅膀。

20 主刀开出嘴巴。

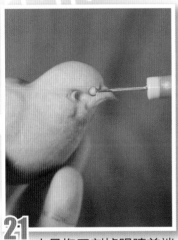

21 小号掏刀刻掉眼睛前端2/3的原料。

22 划线刀刻出绒毛。

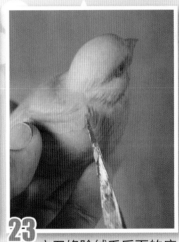

23 主刀修除绒毛后面的废料，使其更加立体。

24 主刀刻出第一层羽毛。

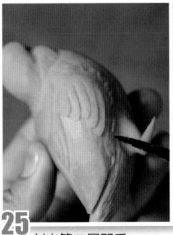

25 刻出第二层羽毛。

26 刻出第三层羽毛。

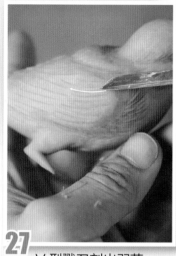

27 V 型戳刀刻出羽茎。

28 刻出尾巴，然后戳出尾巴的羽茎。

29 组装尾巴。

30 另取原料，刻出爪子大形。

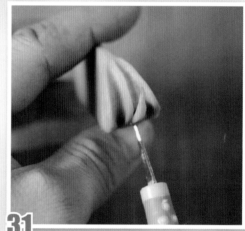

31 小号掏刀分出脚趾。

32 用果蔬雕刻专用画笔画出外侧脚趾的形状，主刀去掉废料。

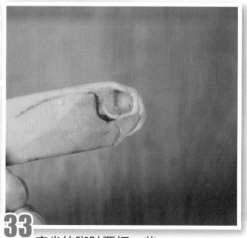

33 麻雀的脚趾要细一些。

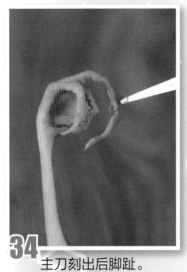

34 主刀刻出后脚趾。

35 将爪子组装好。

36 用芋头拼接一个底座。

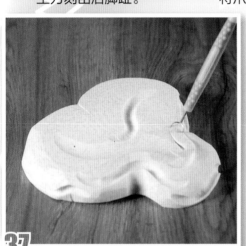

37 大号掏刀刻出底座层次。

38 用南瓜切出一片长条，包裹在铁丝上。

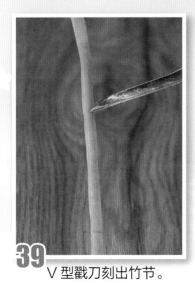

39 V型戳刀刻出竹节。

40 将麻雀固定到做好的竹竿上。

41 中号U型戳刀在青萝卜表面戳出凹槽。

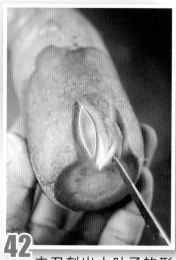

42 主刀刻出小叶子的形状。

43 斜刀将叶子取下。

44 将叶子粘到缠了绿色胶带的铁丝上。

45 用胡萝卜雕出四角花，也粘在铁丝上。

46 将小花和石头组装在底座上。

47 特写。

「小麻雀」

1 取一段胡萝卜。

2 主刀向两边斜着往外削，注意斜面中间有弧形凹槽。

3 如图所示，主刀切出一个大的斜面。

4 修出嘴巴与额头之间的分界线，并去除废料。

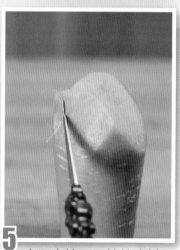

5 主刀去掉下巴处的废料。

6 将麻雀的身体修窄，注意肩膀的位置要留宽。

7 刻出背部的斜度。

8 主刀将身体侧面连接尾巴的弧度修窄。

9 将靠近腿部的身体修窄。

10 主刀去掉胸部废料。

11 去掉棱角。

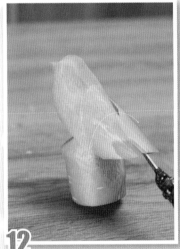

12 黏结胡萝卜，并用主刀削出尾部的弧度。

13 麻雀身体大形。

14 中号掏刀定出翅膀的位置。

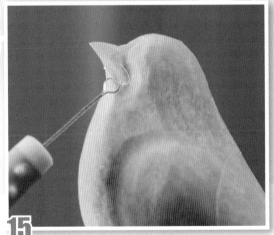
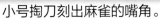

15 小号掏刀刻出麻雀的嘴角。

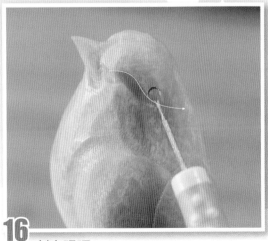

16 刻出眼眶。

17 主刀刻出眼睛。

18 定出绒毛的位置。

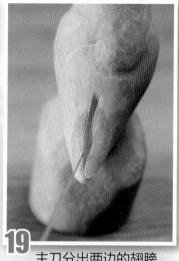

19 主刀分出两边的翅膀。

20 开出麻雀的嘴巴。

21 小号划线刀刻出绒毛。

22 主刀刻出第一层、第二层羽毛。

23 刻出飞羽。

24 将另一边的翅膀刻完。

25 刻出麻雀的尾巴。

26 定出爪子的位置。

27 划线刀刻出爪子的大形。

28 主刀刻出脚趾的鳞甲。

29 刻出假山大形。

30 修出假山层次。

31 将麻雀组装在假山上。

32 特写。

「龙」

动物

1 胡萝卜接出龙身体的大形，线条要圆润。

2 用U型戳刀戳除脊背两侧废料，突出脊背。

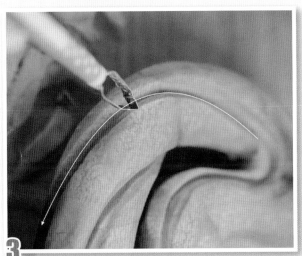

3 划线刀定出肚皮的宽度。

4 基础龙身大形，注意肚皮宽度是随着龙身变细逐步变窄的。

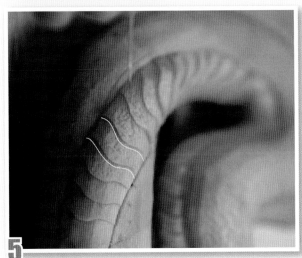

5 刻出龙肚上的鳞纹，注意形状。

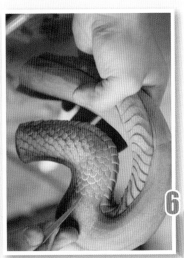

6 主刀定出龙身上的鱼鳞纹路。

7 定出脊背的鳞片层次，注意形状和龙身的不同。

8 小号Ｖ型戳刀在龙身鳞片处各戳一刀加深层次。

9 主刀刻出龙尾线条，要点是线条一定要流畅。

10 胡萝卜粘出龙爪的大形。

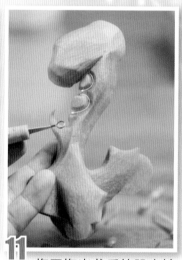

11 掏刀掏出龙爪的肌肉轮廓。

12 主刀刻出龙爪的鳞甲。

13 用果蔬雕刻专用画笔画出脚趾的肉垫。

主刀沿着画线划出脚趾肉垫，并去掉废料。 **14**

15 用小号掏刀突出脚趾肉垫的肌肉。

16 龙爪的大形。

17 龙爪背面的大形。

18 另取一块胡萝卜，一端收窄，在 1/2 处戳一刀突出额头。

主刀走回刀定出鼻孔位置。**19**

20 划线刀突出鼻子的层次。

21 主刀走回旋刀旋出鼻孔。

22 划线刀定出唇线。

23 主刀定出尖牙。

24 在唇线末端定出獠牙。

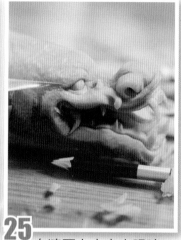

25 在獠牙上方定出眼睛，注意角度是正视前方。

26 主刀定出Ｖ形下颌胡须刺。

27 掏刀在眼睛后侧掏出耳朵。

28 粘上树枝状犄角，并用掏刀细修形状。

29 粘上龙头毛发，注意弧度要顺畅。

30 掏刀掏出毛发的层次。

31 粘上眉骨的毛发。

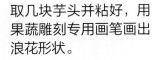

32 用胡萝卜雕刻出触须，并用铁丝固定。

取几块芋头并粘好，用果蔬雕刻专用画笔画出浪花形状。 **33**

34 主刀下直刀取出浪花废料。

35 主刀修圆滑浪花边角。

36 浪头大形。

37 小号掏刀在浪花浪头上掏出浪穗。

38 浪花整体大形。

39 将龙的身体组装在浪花上，产生龙身缠绕在浪花中的感觉。

40 组装上龙头。

41 组装上龙爪。

42 组装成品图。

43 组装浪花配件。

44 龙头特写。

45 在浪花上喷淡淡的蓝色。

46 龙身体喷上浅浅的银色。

47 特写。

「好兄弟」

1 用果蔬雕刻专业画笔画出青蛙身体的形状。

2 划线刀沿画线去掉废料。突出身体高度。

3 刻出另一只青蛙的身体形状。身体和两条后腿要削去很多废料，才能使青蛙更立体。

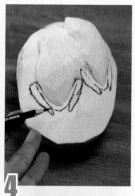

4 用果蔬雕刻专用画笔画出青蛙的后腿造型。

5 大号划线刀沿画线去掉废料，突出腿部轮廓。

6 用果蔬雕刻专用画笔画出前腿，画出两只青蛙互相搭肩的造型，注意这是难点开始的地方。

7 去掉废料，注意手臂的交错位置，先确认两只搭肩手臂姿态自然再下刀。

8 大号 U 型戳刀在青蛙头部中间戳出一个凹槽，分出两边的眼睛。

9 青蛙头部整体向下修出轮廓，这是正面造型。

10 这是背部造型。

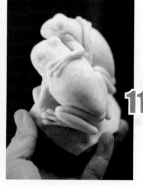

11 刻完打磨光滑（具体视频见微信公众号"SK周毅"，里面有单只青蛙雕刻的视频教程）。

12 主刀刻出嘴巴。

13 装上仿真眼。

14 划线刀在芋头表面刻出纹路。

15 用砂纸打磨。

16 主刀刻出花瓣并取下。

17 花瓣背面喷淡黄色。

18 花瓣正面喷深粉红色。

19 修出一个花苞。

20 小号掏刀刻出一层层花蕊，并去掉废料。

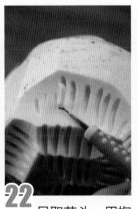

21 菊花的花心。

22 另取芋头，用掏刀掏出菊花的小花瓣。

23 把小花瓣和花心粘好，花瓣要错落有致。

24 将花心和小花瓣喷成日落红色。

25 刻出中间大些的花瓣，然后粘上，注意花瓣要向内弯曲。

26 刻出外层更大的花瓣，要向外伸展。

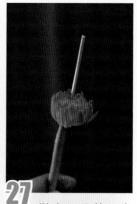

27 做出一朵花，先把花心部分插在铁丝上。

28 再将其他花瓣粘好，预留出一定长度的铁丝固定青蛙。

29 现在开始做叶子，用果蔬雕刻专用画笔画出叶子的形状。

30 主刀沿着画线去掉废料。

31 大号掏刀掏出凹槽。

32 砂纸打磨光滑。

33 小号V型戳刀戳出叶子的经脉。

34 完成的叶子。

35 在叶子的背面粘上铁丝。

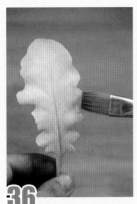

36 先刷淡淡的柠檬黄。

37 然后在叶子中间刷深绿色。

38 边缘刷咖啡色，颜色过渡要自然。

39 取南瓜画出烂树皮的造型。

40 主刀沿着画线去掉废料。

41 中号掏刀掏出粗糙的纹路。

42 划线刀加深层次。

43 表面打磨光滑。

44 刻出小草。

45 将菊花插在烂树皮中固定在底座上。

46 组装叶子。

47 组装上青蛙。

蚂蚁

1 用果蔬雕刻专用画笔在胡萝卜上画出蚂蚁的形状。

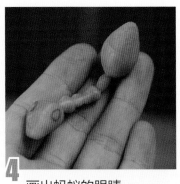

4 画出蚂蚁的眼睛。

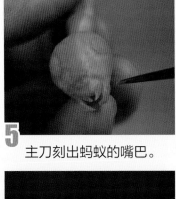

5 主刀刻出蚂蚁的嘴巴。

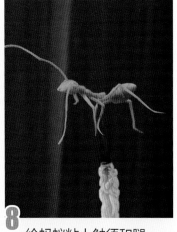

8 给蚂蚁粘上触须和腿。

2 主刀沿着画线去掉废料。

6 刻出蚂蚁尾巴的层次，一层叠加一层。

9 取一块实心南瓜，刻出蜗牛的大形，白色线条代表下刀的位置。

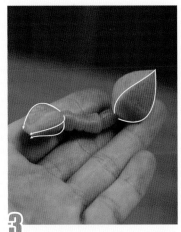

3 修出蚂蚁身体大形，注意白色线条的轮廓。

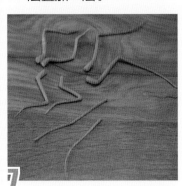

7 刻好蚂蚁的腿，注意前粗后细。

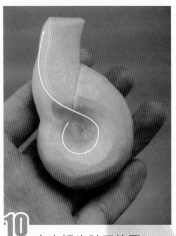

10 定出蜗牛肚子位置。

11 背部的正面大形。

12 中号 U 型戳刀戳出蜗牛身体柔软的凹槽。

13 戳出蜗牛腹部的凹槽。

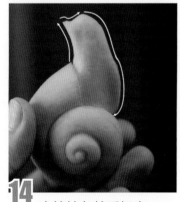

14 去掉棱角然后打磨。

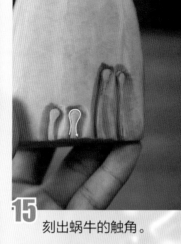

15 刻出蜗牛的触角。

16 将触角修圆润，粘到蜗牛的头部。

17 切出方条芋头，把铁丝粘在中间凹槽里。

18 主刀将芋头修圆。

19 中号 U 型戳刀戳出竹子的关节。

20 主刀去掉废料，突出竹子关节。

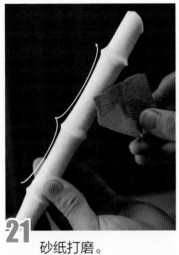

21 砂纸打磨。

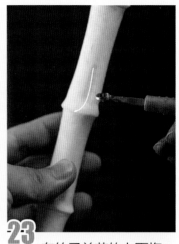

22 小号∨型戳刀在竹子关节处戳一刀。

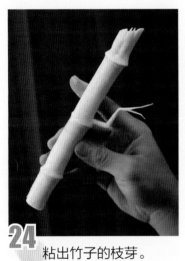

23 在竹子关节的上面掏一个浅面。

24 粘出竹子的枝芽。

25 将竹子搭建成支架，用胡萝卜丝捆绑装饰。

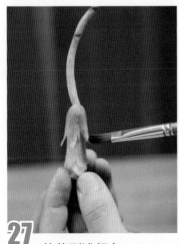

26 取芋头，雕出一个花萼和花苞。

27 花萼刷浅绿色。

28 花苞刷红色。

29 将蚂蚁粘在竹竿上，让蚂蚁咬着花藤。

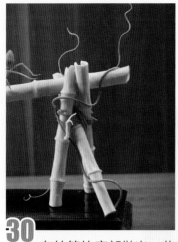

30 在竹竿的底部做出一些藤蔓。

31 主刀修出一个圆柱体，并将圆面削出起浮感。

32 中号掏刀掏出喇叭花的边缘。

33 主刀修出喇叭花的形状。

34 V型戳刀和主刀去掉喇叭花中间的废料。

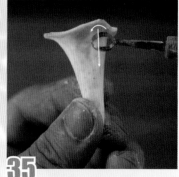

35 中号掏刀掏出喇叭花凹面。

36 喇叭花的边缘要薄一点。

37 边缘喷紫色。

38 刻出喇叭花的花萼。

39 花萼喷上绿色。

40 将花萼粘在喇叭花的根部。

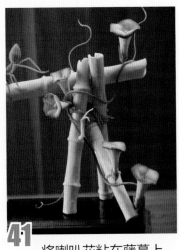

41 将喇叭花粘在藤蔓上。

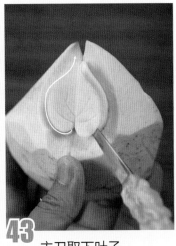

42 取芋头画出爱心的形状，并戳出叶茎。

43 主刀取下叶子。

44 给叶子接上枝干。

45 先给叶子刷浅绿色。

46 然后在叶子的叶茎部分加深绿色。

47 再把叶子粘在藤蔓上。

48 粘上蜗牛。

49 给蚂蚁的眼睛涂黑色。

「蜗牛打伞」

1 选一段实心南瓜，用果蔬雕刻专用画笔画出蜗牛的背壳。

2 小号划线刀沿着画线下刀。

3 主刀去掉线条轮廓外的废料。

4 主刀刻出背壳盘旋的层次。

5 画笔画出身体的形状。

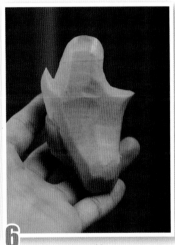

6 蜗牛正面形状。

7 蜗牛大形。

8 两只蜗牛的大形。

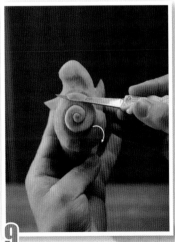

9 主刀将背壳向下修圆。

10 大号划线刀刻出嘴巴。

11 砂纸打磨全身。

12 粘上蜗牛的触角。

13 做出树桩的大形。

14 把树桩粗糙的纹路刻完然后打磨。

15 划线刀刻出蘑菇的内部。

16 小号 V 型戳刀戳出蘑菇内侧的纹路。

中号掏刀在原料表面拉出圆柱条。
17

18 将圆柱条取下。

19 将刻好的蘑菇头粘在圆柱条上形成蘑菇。

20 把蘑菇粘在树桩上。

21 拿一根竹扦切出细条。

22 将切下的竹扦条粘在芋头表面。

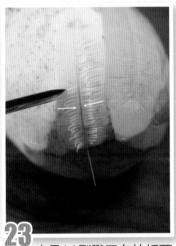

23 小号∨型戳刀在竹扦两边戳出小绒毛。

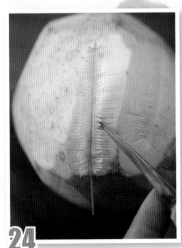

24 主刀将其取下。

25 组装起来形成蒲公英。

26 组合起来。

鯉魚

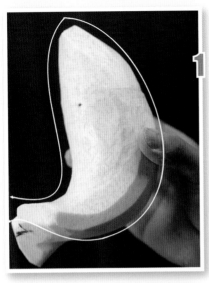

1 刻出鲤鱼的身体大形，注意尾鳍和鱼尾位置有弧度变化。

2 拼接出尾巴。

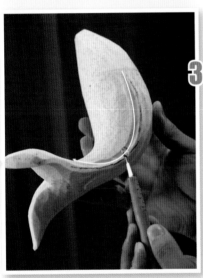

3 中号掏刀定出鱼脊背的位置。

4 定出鱼唇后，用果蔬雕刻专用画笔画出眼睛和腮部鱼鳞。

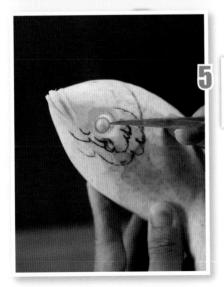

5 主刀刻出眼睛，注意眼睛一定要圆润。

6 大号划线刀刻出腮部造型。

主刀刻出鱼鳞，注意层次变化，看一下白色线条的标注。

中号 U 型戳刀戳出鱼尾的层次。

V 型戳刀戳出鱼尾巴的纹路。

粘上背鳍，并且在背鳍上走出波浪变化，彰显灵活。

刻出两侧鱼鳍的大形。

戳出鱼鳍的凹面。

13 ∨型戳刀戳出鱼鳍的纹路。

将鱼鳍粘在腹部两边。 **14**

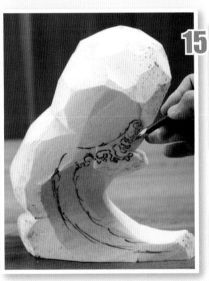

15 制作水浪。将芋头拼接成如图所示形状,用果蔬雕刻专用画笔画出水浪的造型,水浪要圆润没有棱角。

主刀下直刀刻出水浪大形。 **16**

17 划线刀刻出水浪的层次。

用240~600目砂纸将水浪打磨光滑。 **18**

19 给水浪喷上淡淡的蓝色。

20 给鲤鱼装上仿真眼，粘上胡须。

21 把鲤鱼固定在浪尖上，可在水浪后面开槽做隐藏式铁丝支架。

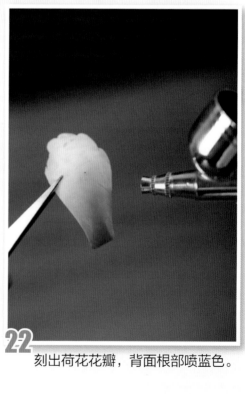

22 刻出荷花花瓣，背面根部喷蓝色。

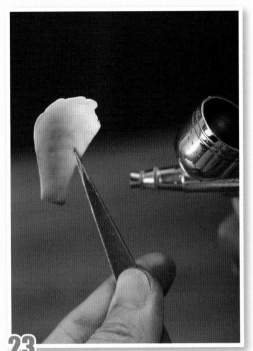

23 花瓣内侧根部喷日落黄色。

24 做出荷花的花心。组装上花瓣，花瓣的组装不要整齐统一，要错落有致。

25 将荷花粘在鲤鱼翘起尾巴的地方。

26 粘上一些水珠和掉落的花瓣。

27 鲤鱼没上色的效果。

28 在鱼鳞上涂日落黄的颜色。

29 29~30 特写。

30

青蛙与小鸭

1 取一段实心南瓜，用U型戳刀把南瓜戳成如图所示形状。

2 在一段凸起的棱上，用主刀削掉2/3的原料。

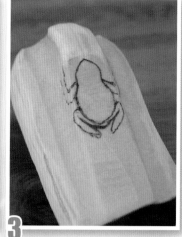

3 用果蔬雕刻专用画笔画出青蛙的形状。

4 划线刀刻出青蛙身体的大形。

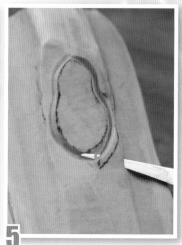

5 主刀下平刀去掉边缘废料。

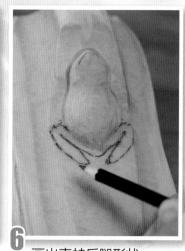

6 画出青蛙后腿形状。

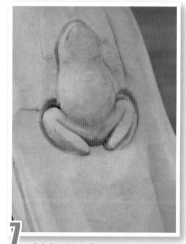

7 刻出后腿大形。

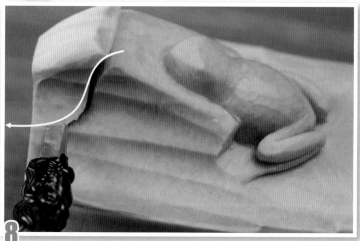

8 用主刀定出小鸭子的额头。

174

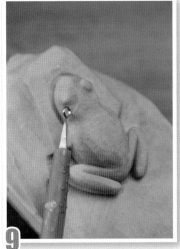

9 中号掏刀刻出青蛙的眼睛。

10 刻出青蛙的前腿，画出脚掌。

11 小号 V 型戳刀沿着画线戳出脚掌的形状。

12 定出小鸭子的嘴巴大形。

13 修出小鸭子的身体，给青蛙装上仿真眼。

14 刻出鸭子的嘴角。

15 刻出鸭子的嘴巴和鼻孔。

16 刻出小鸭子身上的绒毛。

「猩猩」

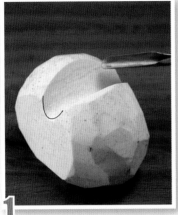

1 选一块芋头，中号U型戳刀戳出中间凹槽，并且把凹槽的上半部分去掉废料。

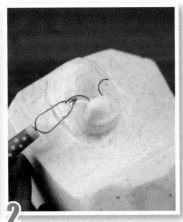

2 刻出猩猩头部，大号划线刀刻出猩猩的腮部。

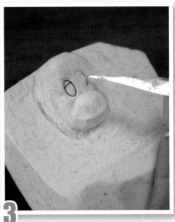

3 主刀刻出猩猩的眼睛。

4 用果蔬雕刻专用画笔画出猩猩的手臂。

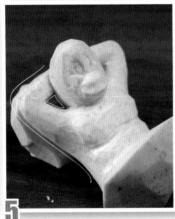

5 刻出猩猩的手臂。

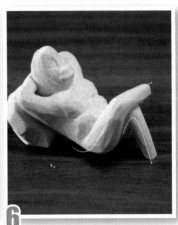

6 刻出猩猩的身体和腿部。

7 刻出猩猩的脚然后粘好。

8 用大号划线刀刻出猩猩身上的绒毛。

9 主刀刻出猩猩的嘴唇。

10 小号掏刀刻出鼻孔。

11 中号掏刀刻出树桩的截面纹理。

12 在雕刻的时侯注意猩猩的姿态造型。

13 给猩猩眼睛、嘴巴、鼻孔分别上色。

14 树桩喷咖啡色，树的截面喷肉色。

15 另取芋头，拼接起来做出一个草坪底座。

16 给草坪喷淡绿色。

17 草坪的边缘喷深绿色。

18 划线刀刻出椰子树的层次。

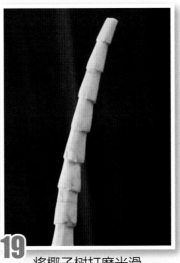

19 将椰子树打磨光滑。

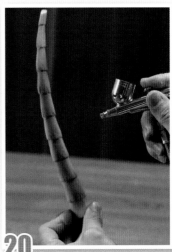

20 给椰子树喷咖啡色。

21 另取芋头，主刀刻出椰树的叶子。

22 将叶子取下。

23 叶子先喷柠檬黄色作为底色。

24 再喷深绿色。

25 将叶子粘到椰子树上。

26 在叶子上点一些白点。

27 把树关节的颜色加重。

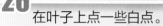

28 将椰子树粘在草坪上。

29 给小草先喷柠檬黄色。

30 再喷绿色。

31 做出小花。

32 做出两叶草，插在猩猩的嘴里。

33 把猩猩放在草坪上。

34 胡萝卜做成椰果，粘在树上。

花

卉

1 V型戳刀戳出花蕊。

2 主刀将花蕊取下。

3 将花蕊粘上小米。

4 将花蕊卷曲粘起来并修窄底部。

5 铁丝插上花心，并缠上绿色胶带。

6 刻出白色的花瓣，和26号铁丝粘好，并绑在花蕊外面。

7 刻出更多花瓣，第一层花瓣叠加黏结，第二层花瓣在第一层花瓣两瓣中间位置黏结。

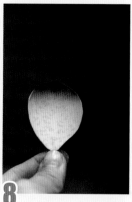

8 花瓣的尖部喷深红色。

9 开始粘上花瓣。

10 花瓣的层次尽量多一点，产生盛开的感觉。

11 将月季花粘在枝干上。

12 插在花瓶中。

13 刻出花叶，喷上绿色。

14 然后喷浅咖啡色。

15 装在花枝上。

16 做好的一支月季花。

17 取一块实心南瓜。

18 按图示的线条和方向，用主刀把两边削成斜面。

19 画出鸟头形状。

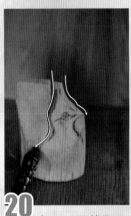

20 主刀沿画线取下废料。

21 主刀将头顶修小。

22 鸟头的大形轮廓。

23 画出鸟的眼眶。

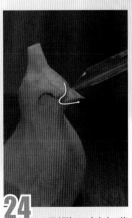

24 V型戳刀刻出嘴角。

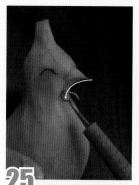

25 中号掏刀去除下巴废料。

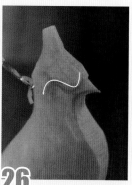

26 小号掏刀刻出眼眶。

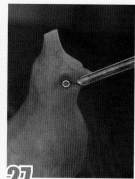

27 小号U型戳刀刻出眼睛。

28 刻出鸟嘴和鼻孔。

29 装上仿真眼。

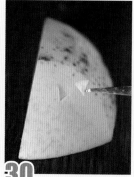

30 取一块芋头，主刀刻出头羽。

31 将头羽粘在缠了绿胶带的铁丝上。

32 将头羽插到鸟头上，然后给鸟头上色。

33 把鸟头粘在月季花中，产生鸟头从花中钻出来的感觉。

34 完成。

「五瓣月季」

1 取一块青萝卜，底部切成大拇指头大小的五边形。

2 在等分的五边形上依次刻出花瓣，注意花瓣根部都需要向中心走一刀。

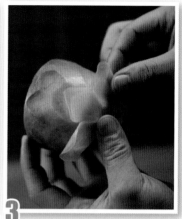

3 把5个花瓣边缘卷曲，使其弧度更加自然。

4 底部第一层5瓣花的形状。

5 第二层在第一层两个花瓣中间取出废料，下刀正好到第一层根部位置。

6 依次刻出第二层花瓣，注意在第一层花瓣的中间位置起刀，使两层花瓣错开。

7 继续刻出第三层花瓣，边缘同样卷曲。

8 一直刻到花心，注意下刀角度开始由内转向外。

9 收到花心，直到无废料可取，看一下侧面的层次。

盘饰绘画果酱套装

无需千挑万选 好果酱一套就够

专业技术加持

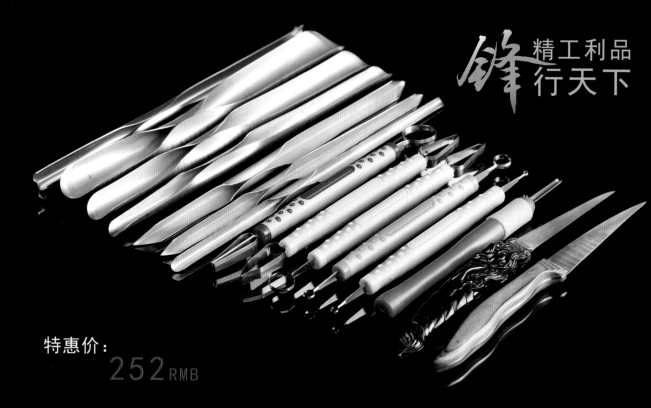

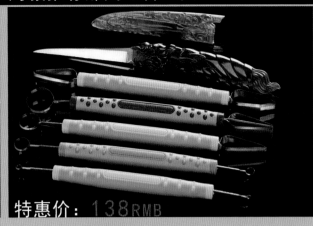

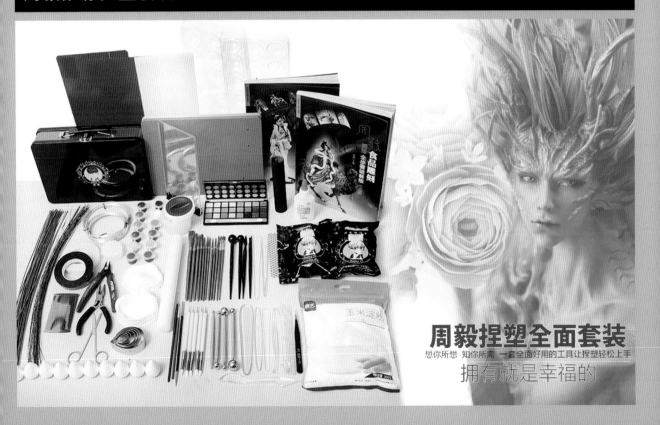

敢问
谁与争锋

周毅屠龙刀　龙斩刀系列

ABS裹软胶，设计潮流，握感舒适耐滑，
色彩多元，一目了然

双刃口精工开刃精抛，采用合金钢片材，
耐用韧性强，刃口边锋厚度仅为0.15毫米，
下刀无任何阻力，锋利无比。

周毅掏刀系列

匠心精工利品

图书在版编目（CIP）数据

周毅基础食雕·创意果蔬雕刻入门/周毅主编. —北京：机械工业出版社，2020.7

（周毅食雕教室）

ISBN 978-7-111-65312-7

Ⅰ.①周… Ⅱ.①周… Ⅲ.①食品雕刻 Ⅳ.①TS972.114

中国版本图书馆CIP数据核字（2020）第061227号

机械工业出版社（北京市百万庄大街22号 邮政编码100037）

策划编辑：范琳娜 责任编辑：范琳娜

责任校对：李 杉 封面设计：任珊珊

责任印制：孙 炜

北京利丰雅高长城印刷有限公司印刷

2020年7月第1版第1次印刷

190mm×260mm·12印张·180千字

标准书号：ISBN 978-7-111-65312-7

定价：68.00元

电话服务   网络服务

客服电话：010-88361066   机 工 官 网：www.cmpbook.com

　　　　　010-88379833   机 工 官 博：weibo.com/cmp1952

　　　　　010-68326294   金 书 网：www.golden-book.com

封底无防伪标均为盗版   机工教育服务网：www.cmpedu.com